Hans Jörg Schmidt
Geschäftsführung im Wissenschaftsbereich

Hans Jörg Schmidt

Geschäftsführung im Wissenschaftsbereich

Eine explorative Studie des Stellenmarktes
von 2004 bis 2013 unter besonderer Berücksichtigung
des Professionalisierungsdiskurses

Humanities
Online

Mit freundlicher Unterstützung des
John Stuart Mill Instituts für Freiheitsforschung

Bibliografische Information der Deutschen Nationalbibliothek
Die Deutsche Nationalbibliothek verzeichnet diese Publikation in der Deutschen Nationalbibliografie; detaillierte bibliografische Daten sind im Internet über http://dnb.ddb.de abrufbar.

Frankfurt am Main, Germany
www.humanities-online.de
info@humanities-online.de

Erste Auflage 2015
ISBN 978-3-941743-49-6

Umschlaggestaltung: Uwe Adam, www.adam-grafik.de
Coverabbildung: iStockphoto: dashk
Printed in Germany

Dieses Buch ist auch als E-Book erhältlich:
www.humanities-online.de

Inhalt

1. Einleitung und Bemerkungen zur historischen Genese von Geschäftsführung

In den letzten zehn Jahren wird im Zusammenhang mit dem Stellenmarkt für das Wissenschaftsmanagement vermehrt von »Professionalisierung« und vom Aufkommen einer »neuen Profession« gesprochen (z.B. Meyer-Guckel 2011, 14). Ausgehend von diesem Befund ist die zentrale Fragestellung der vorliegenden Studie, welche Rolle die Professionalisierungsthese für Geschäftsführungspositionen im Wissenschaftsbereich spielt. Kann auch dort von einer Professionalisierung gesprochen werden? Lässt sich diese allgemeine Beobachtung einfach so übertragen? Wenn ja, welche Anzeichen gibt es dafür? Ist im Zeitreihenvergleich ein professionalisierungsbedingter Wandel von Stellenprofilen zu erkennen? Welche Stellen sind hierfür besonders einschlägig? Auf welchen Ebenen des Wissenschaftsbetriebs sind diese Stellen vor allem anzutreffen? Und womit kann das eventuell erklärt werden? Oder wurde im Rahmen der Reformen, wie Kritiker der Professionalisierungsthese meinen, mit der Einführung des Wissenschaftsmanagements lediglich ein bürokratisches Monstrum im Sinne einer »Dilletantenverwaltung« geboren (z.B. Kühl 2007a, 390 und ders. 2007b, 207)?

Jenen und weiteren, auch im Verlauf der Untersuchung noch zu entwickelnden Fragen möchte diese Arbeit in Form einer explorativen Studie des Stellenmarktes für Geschäftsführungspositionen im Wissenschaftsbereich nachgehen. Das geschieht systematisch anhand einer methodisch versierten quantitativen und qualitativen Analyse von ca. 80.000 einschlägigen Vakanzen aus den Jahren 2004 bis 2013. Zur theoretischen Fundierung wird, wie eingangs bereits erwähnt, der fachwissenschaftliche Professionalisierungsdiskurs der letzten Jahre rekonstruiert und systematisch expliziert.

Bevor jedoch die Professionalisierungsthese anhand der umfassenden Auswertung des Stellenmarktes, die sich auf eine umfangreiche Datenbankanalyse des Informationsdienstes *Arbeitsmarkt Bildung – Kultur – Sozialwesen* stützt (vgl. zur Quellenbasis und zur Methodik Kapitel 5.2), überprüft werden soll, sind im Rahmen der Einleitung einige Bemerkungen zur Genese der »Geschäftsführung« angebracht, um das weit in die Geschichte zurückreichende Phänomen historisch grundzulegen (Kapitel 1).

Mit Trägerstrukturen und den zum Teil bis auf diese historischen Wurzeln zurückreichenden rechtlichen Rahmenbedingungen der Geschäftsführung, insbesondere im außeruniversitären Bereich, beschäftigt sich das folgende Kapitel (Kapitel 2). Ausgehend von der These, dass wissenschaftliche Geschäftsführung, wie andere vergleichbare Phänomene (z.B. Wissenschaftsmarketing oder der Einsatz betriebswirtschaftlicher Steuerungsinstrumente), sich zunächst vor allem im außeruniversitären Wissenschaftsbereich konstituiert hat – und insofern Vorbildcharakter für den hochschulischen Bereich hat –, dient dieses Kapitel dazu, einen Überblick zu wichtigen Grundkonstituenten des Tätigkeitsfelds zu geben. Mit der Darstellung der formalrechtlichen Grundlagen wird außerdem die anschließende Analyse der Satzungen der vier großen bundesdeutschen außeruniversitären Forschungsverbünde bezüglich ihrer Anforderungsprofile an wissenschaftliche Geschäftsführung vorbereitet (Kapitel 3). Ihr Ziel ist eine heuristische Annäherung an das Tätigkeitsprofil der Geschäftsführung im Wissenschaftsbereich. Den Fokus des vierten Kapitels bildet die kritische Rekonstruktion des Professionalisierungsdiskurses im Bereich der metareflexiven Auseinandersetzung mit Fragen des Hochschul- und Wissenschaftsmanagements. Damit wird ein theoretischer Orientierungsrahmen für die Stellenmarktanalyse geschaffen. Außerdem werden in diesem Abschnitt zentrale Begrifflichkeiten geklärt. Zusätzlich wird anhand verschiedener theoretischer Erklärungsmodelle in den professionssoziologischen Kontext eingeführt.

Im Mittelpunkt der Studie steht die Auswertung der Profilgruppen auf der Grundlage des im Informationsdienst *Arbeitsmarkt Bildung – Kultur – Sozialwesen* abgebildeten Stellenmarktes von 2004 bis 2013 (Kapitel 5). Zur Einbettung in den Stand der Forschung werden hierzu einleitend verschiedene einschlägige Arbeiten mit ihren wichtigsten Ergebnissen in Bezug auf die vorliegende Untersuchung vorgestellt (Kapitel 5.1). Ein weiterer Abschnitt erläutert die spezifische Gestalt und die besonders hohe Qualität des in die Studie eingeflossenen empirischen Materials, das bei Archivaufenthalten im Wissenschaftsladen Bonn gewonnen werden konnte. Kapitel 5.2 legt außerdem die im Rahmen der Stellenmarktanalyse verwendete Methode der quantitativen und qualitativen Inhaltsanalyse sowie deren Vorteile für die vorliegende Arbeit dar.

Insgesamt werden mittels quantitativ-qualitativer Inhaltsanalyse aus den ca. 80.000 durchforsteten Ausschreibungstexten 16 »Profilgruppen« (z.B. Generalsekretär/in[1]) herausdestilliert. Die institutionelle

1 Auf eine der flüssigen Lesbarkeit der Studie leider nicht immer zuträgliche geschlechtsdifferenzierende Darstellung der Stellenbezeichnungen wurde

Verortung, Spezifika des Aufgaben- und Anforderungsspektrums sowie Hintergründe zur Genese der jeweiligen Profilgruppen werden in den entsprechenden Unterkapiteln eingehend dargestellt. Ordnungsraster für die Präsentation ist ein gedachtes Kontinuum, das sich zwischen den Polen Akademie und Adminsitration bzw. Wissenschaft/Forschung und Verwaltung erstreckt und die Stellen, die qua Benennung etwa als »Wissenschaftliche Geschäftsführung« für die gewählte Fragestellung besonders einschlägig sind, zuerst präsentiert.

Das Schlusskapitel bündelt die zentralen Aussagen in einem Fazit und stellt davon ausgehend einige weiterführende Überlegungen zur Professionalisierung des Stellenmarktes für Geschäftsführungspositionen im Wissenschaftsbereich an. Ein ausführliches Literaturverzeichnis in Form einer Forschungsbibliographie arrondiert die umfangreiche empirische Studie und erlaubt dem Leser eine vertiefende Beschäftigung mit dem in der Darstellung erstmalig in umfassendem Rahmen wissenschaftlich analysierten und in einer kohärenten Darstellung konturierten Themenfeld der Geschäftsführung im Wissenschaftsbereich.

***

Zur Überleitung auf den in der Einleitung skizzierten Untersuchungsgang sollen nun noch vorab die historischen Wurzeln des Geschäftsführungsbegriffs im Sinne einer privatrechtlichen Vertretung dargestellt werden. Denn Geschäftsführung kann auf eine lange historische Tradition verweisen, die bis in die römische Zeit zurückreicht. Erstmals wird die im lateinischen Begriff der *negotia gesta* zusammengefasste Geschäftsführungstätigkeit im römischen Privatrecht genauer geregelt (vgl. Wittmann 1981, 4 f.). Ursprünglich beinhaltet die *negotia gesta* die Geschäftsführung für einen Abwesenden. Ebenso gab es die durch den Prätor, einen hohen römischen Verwaltungsbeamten, zu gestattende Möglichkeit, einen Abwesenden im Rahmen eines Zivilprozesses durch einen sogenannten *negotiorum gestor* (wörtliche Übersetzung aus dem

zwar in den meisten Fällen Rücksicht genommen, insbesondere bei Zitaten aus dem Quellenmaterial. Dennoch sei darauf hingewiesen, dass alleine schon die unterschiedliche sprachliche Darstellungsweise im Rahmen der gesichteten Vakanzen einen ausführlichen Aufsatz Wert wäre. Mögliche Varianten wären hier beispielsweise auch noch »Generalsekretär«, »Generalsekretär (m/w)«, »GeneralsekretärIn« oder »Generalsekretär/Generalsekretärin« und so weiter, um hiermit auf die sprachliche Vielfalt und die darin geborgenen Einstellungen bezüglich der Gleichstellungsthematik hinzuweisen.

Lateinischen: »der Geschäfte Führer«) vertreten zu lassen. Häufig wurden diese Tätigkeiten in der Frühzeit Roms durch einen freigelassenen Bediensteten des Abwesenden ausgeübt. Dieser Vertreter erfüllte infolge der seinem Patron gegenüber bestehenden sozialen Verpflichtung die Geschäftsführung. Deswegen wurde er auch als *procurator omnium rerum* (»Fürsorgetragender für alle Angelegenheiten«) bezeichnet. Insbesondere Angehörige des Römischen Militärs, die eigene Güter besaßen, hatten Geschäftsführer, da die Eigentümer sich infolge der expansiven Politik des Imperium Romanum häufig im Felde befanden und ihre häuslichen Angelegenheiten somit nicht eigenhändig regeln konnten.

Im Laufe der Jahrhunderte haben sich die Funktionen der Geschäftsführung wie auch die gesellschaftlichen Verhältnisse gewandelt. Überdies hat sich die Tätigkeit der Geschäftsführung auf vielzählige andere Bereiche ausgeweitet. Der bereits in der römischen Zeit angelegte supportive Vertretungscharakter als wesentliches Grundelement der Geschäftsführung besteht jedoch bis heute als Kern fort. Nach wie vor ist die Tätigkeit des Geschäftsführers im Interesse des Geschäftsherrn von zentraler Bedeutung, auch was die gegenwärtige rechtliche Regulierung anbelangt: In der Bundesrepublik ist die Geschäftsführung im Bürgerlichen Gesetzbuch (BGB) geregelt. Von besonderer Bedeutung sind hierbei die Paragraphen 677 bis 687, wobei in der Legaldefinition des Paragraphen 677 des BGBs von einem »weiten Begriff des Geschäfts« (Wittmann 1981, 18-23) ausgegangen wird. Dies beinhaltet »alle Handlungen rechtlicher und tatsächlicher, wirtschaftlicher oder nicht wirtschaftlicher Art« (ebd. 162). Auch ist von Bedeutung, dass als faktische Grundlage nicht nur die Tätigkeit eines Geschäftsführers ausgeübt wird, sondern auch, dass ein Bewusstsein der Geschäftsführung für einen Anderen im Sinne einer sogenannten fremdnützigen Geschäftsführungsabsicht vorhanden sein muss. Des Weiteren kann unter anderem erforderlich sein, dass der Geschäftsführer für die Ausführung seiner Tätigkeit auf die Zustimmung des zu Vertretenden angewiesen ist. Gegenstand der Geschäftsführung insgesamt sind fremde Sachen und Rechte. Hieraus ergeben sich noch weitere Folgerechte und Pflichten, wie etwa die Sorgfaltspflicht, die Anzeige- und Rechenschaftspflicht oder Aufwandsentschädigungsansprüche und Haftungspflichten, die aber im Rahmen dieser nicht juristisch ausgerichteten Arbeit nicht weiter erörtert werden sollen. Sie erlauben jedoch erste Rückschlüsse auf das Tätigkeitsprofil wissenschaftlicher Geschäftsführung.

Von Bedeutung bei der Reflexion der hier skizzierten historisch-juristischen Wurzeln des Geschäftsführungsbegriffs ist zudem, dass sich weitere Regelungen – etwa in Bezug auf die Vertretungsfragen – aus den für den Einzelfall geschlossenen Satzungen und Vereinbarungen ergeben. Somit sind der Ausgestaltung des Vertretungsverhältnisses auch wesentliche Fragestellungen für eine Untersuchung von Geschäftsführung im Wissenschaftsbereich zu entnehmen, wie etwa: Wer wird vertreten? Von wem wird vertreten? Was wird vertreten? Wie und unter welchen Bedingungen wird vertreten? Wie sind die Verantwortlichkeiten und deren Übertragung geregelt? Und so weiter.

Diese Fragestellungen weisen bereits auf die Analyse der satzungsmäßigen Bestimmungen der vier großen außeruniversitären Wissenschaftsträgerorganisationen zur Geschäftsführung voraus, anhand derer in erster Annäherung exemplarische Geschäftsführungsaufgaben im Wissenschaftsbereich identifiziert werden sollen. Auch bereiten sie die Darstellung der einzelnen Profilgruppen vor.

2. Trägerstrukturen und rechtliche Rahmendbedingungen der Geschäftsführung im (außeruniversitären) Wissenschaftsbereich

Eine erste Annäherung an die rechtliche Grundlegung sowie formale und inhaltliche Ausprägung von Geschäftsführung im Wissenschaftsbereich erfolgt nun anhand der Auseinandersetzung mit Trägerstrukturen und rechtlichen Rahmenbedingungen der Geschäftsführung im außeruniversitären Wissenschaftsbereich. Darauf auf baut eine Satzungsanalyse der vier außeruniversitären Großforschungsverbünde (Kapitel 3). Ausgehend von den Regelungen der Rechtsdokumente lassen sich sowohl ein Problemaufriss als auch grundsätzliche Überlegungen zum Themenbereich und zum zu erwartenden Tätigkeitsprofil vornehmen.

In den Fokus der Darstellung werden explizit außeruniversitäre Wissenschaftseinrichtungen gerückt, zumal sich – so die These – in diesem Kontext die wissenschaftliche Geschäftsführung wesentlich früher als im universitären Bereich als ein gesonderter Tätigkeitsbereich im Sinne professionalisierten Wissenschaftsmanagements etabliert hat. Insofern kann der außeruniversitären Wissenschaftslandschaft auch ein gewisser Vorbildcharakter für die im Zuge der jüngeren Hochschulreformen vorgenommenen Veränderungen im universitären Geschäftsführungsbereich zugeschrieben werden. Zusammen hängt dies vor allem mit der rechtlichen Organisationsform der außeruniversitären Wissenschaftseinrichtungen als (zumeist gemeinnützige) Vereine, (zumeist gemeinnützige) GmbHs oder Stiftungen. Allein schon aufgrund der formal-organisatorischen Verfasstheit dieser juristischen Personen werden seitens des Gesetzgebers präzise Regelungen zur Führung der Vereins-, GmbH- oder Stiftungs-Geschäfte getroffen, welche in Satzungsdokumenten niederzulegen sind. So regelt § 27 des Anfangs des 19. Jahrhunderts entstandenen Bürgerlichen Gesetzbuches (BGB) bezüglich der Bestellung und Geschäftsführung des Vorstandes eines Vereins:

> »(1) Die Bestellung des Vorstandes erfolgt durch Beschluss der Mitgliederversammlung. (2) Die Bestellung ist jederzeit widerruflich, unbeschadet des Anspruchs auf die vertragsmäßige Vergütung. Die Widerruflichkeit kann durch die Satzung auf den Fall beschränkt werden, daß ein wichtiger Grund für den Widerruf vorliegt; ein solcher

> Grund ist insbesondere grobe Pflichtverletzung oder Unfähigkeit zur ordnungsmäßigen *Geschäftsführung*. (3) Auf die *Geschäftsführung* des Vorstandes finden die für den Auftrag geltenden Vorschriften der §§ 664 bis 670 entsprechende Anwendung.« (*Hervorhebungen* vom Autor)

Ausdrücklich betont das BGB bezüglich des Vereinsrechts die Möglichkeit, die Geschäftsführung durch Beschluss des Vorstandes auf »besondere Vertreter« zu übertragen, womit neben der genuinen Vorstandsebene eine weitere Ebene, diejenige der »Geschäftsführung durch Vertretung«, eröffnet wird (Alber/Märkle 2008, 83 f.). Im Wortlaut regelt § 30 BGB diesen Sachverhalt folgendermaßen:

> »Durch die Satzung kann bestimmt werden, daß neben dem Vorstande für gewisse Geschäfte besondere Vertreter zu bestellen sind. Die Vertretungsmacht eines solchen Vertreters erstreckt sich im Zweifel auf alle Rechtsgeschäfte, die der ihm zugewiesene Geschäftskreis gewöhnlich mit sich bringt.«

Aus dem BGB-internen Verweis auf die §§ 664 bis 670 ergeben sich zudem weitere allgemein gefasste Rechtsvorschriften etwa bezüglich der dort geregelten Haftungs-, Verantwortlichkeits-, Herausgabe-, Auskunfts- und Rechenschaftspflichten. Besonders interessant für den Kontext wissenschaftlicher Geschäftsführung ist dabei der Aspekt der Übertragung von Geschäftsführungstätigkeiten und die dafür vorgesehenen Haftungsregelungen. So befindet § 664 BGB:

> »Der Beauftragte darf im Zweifel die Ausführung des Auftrags nicht einem Dritten übertragen. Ist die Übertragung gestattet, so hat er nur ein ihm bei der Übertragung zur Last fallendes Verschulden zu vertreten. Für das Verschulden eines Gehilfen ist er nach § 278 verantwortlich.«

Aus letztgenanntem Paragraphen wiederum ergeben sich Regelungen bei Verschulden des Erfüllungsgehilfen, indem dort mit Satz 1 bestimmt wird: »Der Schuldner hat ein Verschulden seines gesetzlichen Vertreters und der Personen, deren er sich zur Erfüllung seiner Verbindlichkeiten bedient, in gleichem Umfange zu vertreten wie eigenes Verschulden.«

Das GmbH-Gesetz bestimmt sogar, dass die Gesellschaft »einen oder mehrere Geschäftsführer haben« muss (GmbHG § 6, Absatz 1). Fernerhin schreibt es vor, dass Geschäftsführer einer GmbH »nur eine natürliche, uneingeschränkt geschäftsfähige Person« sein kann (ebd. Absatz 2, Satz 1; vgl. Daumke 2014). Ausführlich werden verschiedene Ausschlusskriterien genannt, die vor allem mit gesetzlichen Vorbehalten und Vorstrafen (etwa des BGBs, des Strafgesetzbuches, des Aktiengesetzes oder des Handelsgesetzbuches) zusammenhängen, welche eine rechtskräftige Verurteilung voraussetzen und einen Ausschluss »für die Dauer von fünf Jahren seit der Rechtskraft des Urteils« konstituieren (ebd. Absatz 2, letzter Satz).

Da eine GmbH stets aus einer im Gesellschaftervertrag festgelegten Anzahl von Gesellschaftern besteht, ist fernerhin in Bezug auf die Geschäftsführung geregelt: »Zu Geschäftsführern können Gesellschafter oder andere Personen bestellt werden« (ebd. Artikel 3, Satz 1). Sofern der Gesellschaftervertrag alle Gesellschafter zur Geschäftsführung berechtigt, können nur die bei vertraglicher Festsetzung der Gesellschaft genannten Personen die Geschäftsführung übernehmen (ebd. Absatz 4). In diesem Fall ist also eine direkte Geschäftsführung durch Dritte nicht möglich. Ebenso wird dort noch bestimmt, dass »Gesellschafter, die vorsätzlich oder grob fahrlässig einer Person, die nicht Geschäftsführer sein kann, die Führung der Geschäfte überlassen [...] der Gesellschaft solidarisch für den Schaden, der dadurch entsteht, dass die Person die ihr gegenüber der Gesellschaft bestehenden Obliegenheiten verletzt«, haften (ebd. Absatz 5).

Aus diesen ausführlichen Regelungen wird ersichtlich, dass sowohl das BGB als auch das GmbH-Gesetz den Geschäftsführungsbegriff enthalten. Unterschiedlich jedoch ist der Grad der Regulierung. Tendenziell kann wohl gesagt werden, dass die Geschäftsführung im Kontext der Gesellschaft mit beschränkter Haftung (GmbH) stärker reguliert ist als diejenige für das Vereinswesen konstitutive des BGB. Das erscheint auch insofern erklärbar, da Vereine ihrer Ursprungsidee zufolge weniger auf professionelle Gewinnerzielungsinteressen abstellen und historisch dem Bereich der bürgerlichen Freizeitgestaltung entstammen, wohingegen Gesellschaften mit beschränkter Haftung den Zweck verfolgen, über einen Gesellschaftervertrag eine Firma zu errichten. Das Ziel der Errichtung, also Vereins- oder Firmengründung, wirkt sich somit direkt auf die rechtliche Ausgestaltung der Geschäftsführungstätigkeit aus.

Somit konturieren sich in der Zusammenschau der einzelnen Regelungen des BGB und des GmbH-Gesetzes bezüglich der Geschäftsführung mit den darüber hinausgehenden allgemeinen Regelungen umfassende Rechte und Pflichten, die als formaler Rahmen und rechtlicher Hintergrund der Geschäftsführung im Wissenschaftsbereich jeweils mit zu beachten sind. Insbesondere gilt dies, wie dargestellt, für Trägerorganisationen mit den genannten Rechtsformen. Schon von daher ist zu vermuten, dass grundlegende Rechte und Pflichten, die sich aus den gesetzlichen Vorgaben ableiten, sich auch in den Tätigkeits- und

Kompetenzprofilen der Akteure der Geschäftsführung im Wissenschaftsbereich wiederfinden lassen.

Eine weitere Besonderheit der Geschäftsführung ist deren Nähe zum Management-Paradigma. Einerseits erhellt sie sich aus dem formaljuristischen Rahmen, mithin aus den zuvor präsentierten Regelungen des BGBs und des GmbH-Gesetzes. Andererseits, um eine weitere Erklärung für oben genannte These des zeitlichen Prä der wissenschaftlichen Geschäftsführung und deren größerer Nähe zum Management-Paradigma in der außeruniversitären Forschung zu geben, sehen solche Einrichtungen im Rahmen ihrer Tätigkeit auch explizit einen Wirtschaftsbetrieb vor oder sind aufgrund ihrer satzungsgemäßen Ausrichtung zu einer gewissen »Wirtschaftlichkeit« oder »Wirtschaftsnähe« verpflichtet, wenn sie nicht sogar über einen Gesellschaftervertrag gemäß GmbH-Gesetz eine mit Stammkapital ausgestattete Firma begründen. Aber auch der Betrieb eines (gemeinnützigen) Vereines als Trägerorganisation ermöglicht, unter steuerlichen Gesichtspunkten betrachtet, neben dem ideellen Betrieb, dem Zweckbetrieb und der Vermögensverwaltung auch explizit – wenngleich im Rahmen der strikten Vorgaben des Gemeinnützigkeitsrechts – die Führung eines wirtschaftlichen Geschäftsbetriebs.

»Die Gesellschaft ist selbstlos tätig; sie verfolgt nicht in erster Linie eigenwirtschaftliche Zwecke«, lautet beispielsweise die Regelung, die in der Satzung der Fraunhofer Gesellschaft hierfür in Erfüllung der Vorgaben der Abgabenordnung getroffen wurde (§ 2, Absatz 5) und die an anderer Stelle auch auf die »Förderung angewandter Forschung« (§ 1, Absatz 1) und das Element der sogenannten »Vertragsforschung« (§ 21, Absatz 2, Ziffer d) als Aufgabe hinweist. Aus ihnen geht hervor, dass die Verfolgung eigenwirtschaftlicher Zwecke aus gemeinnützigkeitsrechtlichen Gründen zwar nicht zu einem überwiegenden Teil, jedoch zu einem erheblichen Teil etwa im Rahmen von Vertragsforschung möglich ist. Noch deutlicher gilt dies für eine als GmbH oder in verwandten Betriebsformen des Privatrechts konstituierte Wissenschaftseinrichtung etwa gemäß des Gesellschaftsrechts (v.a. §§ 705-740 BGB).[2] Auf diese juristischen Personen soll hier jedoch genauso wie auf Stiftungen als Trägerorganisationen der Wissenschaft und deren

2 Das BGB regelt in den §§ 709 und 710 die Geschäftsführung einer Gesellschaft durch entweder eine gemeinschaftliche Geschäftsführung der Gesellschafter oder durch die Übertragung auf (einen) Beauftragte(n). Grundlegend geregelt wird dies im Gesellschaftervertrag (§ 705 BGB) und unter Einbezug der §§ 664 bis 670 BGB, die Aufträge und ähnliche Vertragsverhältnisse und die damit verbundenen Rechte und Pflichten formulieren.

Regelungen zur Geschäftsführung (§§ 80-88 BGB)[3] sowie auch auf die zur Einleitung kurz gestreifte Rechtsfigur der »Geschäftsführung ohne Auftrag«[4] (§§ 677-687 BGB) (vgl. z.B. ausführlich Bergmann 2010) nicht weiter eingegangen werden. Zu erwähnen ist jedoch, um weitere mögliche Träger von Wissenschaft und somit auch wissenschaftlicher Geschäftsführung zu komplettieren, noch der genuine Fall der qua Hochschulrecht konstituierten landesunmittelbaren Körperschaft, wo das Hochschulrecht in klassischer Sichtweise auf zentraler Leitungsebene etwa das Amt des Rektors oder Präsidenten sowie des Kanzlers oder Verwaltungsleiters zur Besorgung der laufenden Geschäfte der Verwaltung vorsieht und letzteren oftmals auch als Beauftragten für den Haushalt ausweist.

Entsprechend des im Hochschulrecht fixierten Selbstverwaltungscharakters der Universität sind auch subsidiäre Ebenen wie etwa Fakultäten oder Institute zu beachten, auf denen ebenfalls bereichsspezifische Geschäftsführungsaufgaben angesiedelt sein können. Ressortforschung und Industrieforschung wären weitere organisatorische Trägerformen, die hier zumindest Erwähnung finden sollen.

Des Weiteren ist im Zusammenhang mit der konstatierten »Wirtschaftsnähe« von wissenschaftlicher Geschäftsführung etwa an Institute

3 Im Abschnitt des BGB zu den Stiftungen wird bezüglich eventueller Geschäftsführung über die Person des Stifters oder des Stiftungsvorstands hinaus auf die Regelungen des Vereinsrechts rekurriert. Dies geschieht dergestalt, dass über § 86 die Anwendung der einschlägigen Regelungen des Vereinsrechts (§ 27, Absatz 3 bis § 31 und § 41) vorgesehen ist. Deshalb kann eine Stiftung genauso wie ein Verein gemäß § 30 BGB, Satz 1, 2. Teilsatz durch ihre behördlich zu genehmigende Satzung bestimmen, »daß neben dem Vorstande für gewisse Geschäfte besondere Vertreter zu bestellen sind.«

4 § 677 BGB regelt zur Geschäftsführung ohne Auftrag: »Wer ein Geschäft für einen anderen besorgt, ohne von ihm beauftragt oder ihm gegenüber sonst dazu berechtigt zu sein, hat das Geschäft so zu führen, wie das Interesse des Geschäftsherren mit Rücksicht auf dessen wirklichen oder mutmaßlichen Willen es erfordert.« Aufgrund der expliziten Satzungsvorschriften der hier genannten Trägerorganisationen ist dieser Paragraph nicht genuin für den fokussierten Untersuchungsbereich wissenschaftlicher Geschäftsführung im außeruniversitären Bereich zutreffend. Dies gilt auch insofern eine Beauftragung zumeist über die Einhaltung der satzungsgemäßen Beauftragungsverfahren hinausgehend zusätzlich über den Abschluss eines Arbeitsvertrags mit diesbezüglichen Regelungen und expliziter Benennung der Geschäftsführungsaufgaben fixiert wird.

der Fraunhofer Gesellschaft zu denken, die den satzungsgemäßen Auftrag praktisch anwendbarer und somit auch vermarktbarer Forschung haben. Für Wissenschafts- und Forschungseinrichtungen der Industrie und deren Geschäftsführung ist die Nähe zum Management-Paradigma und die zumeist damit einhergehende stärkere Regelungsdichte für die Aufgaben der Geschäftsführung noch evidenter. Insofern weisen die meisten außeruniversitären Einrichtungen also *per se* eine gewisse formale Nähe zum Management-Paradigma und der tendenziell diesem verhafteten Geschäftsführungstätigkeit auf als die lange Zeit als Institutionen der staatlichen Mittel- und Auftragsverwaltung verstandenen Universitäten, wo Geschäftsführung im klassischen Sinne nicht explizit gefordert wurde, sondern Haushaltsverwaltung meistenfalls in der vom Kanzler geleiteten Administration verankert war und fixe Budgets im politisch-administrativen Verhandlungsprozess zwischen zentraler und dezentraler Verwaltungseinheit abgestimmt wurden. Ob sich hier anhand einer Untersuchung des Stellenmarktes für Geschäftsführungen im Wissenschaftsbereich im Laufe der Zeit von 2004 bis 2013 quantitative und insbesondere auch qualitative Veränderungen erkennen lassen, wird im weiteren Verlauf noch zu erörtern sein. Als vorläufige These könnte jedoch formuliert werden, dass die in den letzten Jahren erfolgte Umwandlung hochschulischer Leitungsgremien entsprechend neuer Landeshochschulgesetze, welche geprägt ist durch eine bewusste Anlehnung an Organisationsformen der Wirtschaft, sich auch darin niederschlagen dürfte, dass ein quantitativer Anstieg von Geschäftsführungsaufgaben im Sinne der zuvor dargestellten Geschäftsführung durch Vertretung zu verzeichnen ist. Ob das für den gesamten Wissenschaftsbereich, insbesondere auch für außeruniversitäre Geschäftsführungen, zutrifft, wäre – auf das nächste Kapitel überleitend – ebenfalls als Fragestellung zu beachten.

3. Satzungsanalyse der vier großen deutschen außeruniversitären Forschungsverbünde zur heuristischen Annäherung an das Tätigkeitsprofil der Geschäftsführung im Wissenschaftsbereich

An dieser Stelle folgt, bevor der fachwissenschaftliche Professionalisierungsdiskurs rekonstruiert und das empirische Material der Stellenanzeigenauswertung dargelegt werden, ein vergleichender Blick auf die Satzungen der vier großen deutschen außeruniversitären Forschungsverbünde. Konkret werden die Satzungen der »Fraunhofer-Gesellschaft zur Förderung der angewandten Wissenschaften e.V.« (FhG) in der Fassung vom 20. Mai 2010, der »Max-Planck-Gesellschaft zur Förderung der Wissenschaften e.V.« (MPG) in der Fassung vom 14. Juni 2012, der »Hermann von Helmholtz-Gemeinschaft Deutscher Forschungszentren e.V.« (HGF) in der Fassung vom 19. September 2012 und der »Wissenschaftsgemeinschaft Gottfried Wilhelm Leibniz e.V.« (WGL) in der Fassung vom 27. November 2009 herangezogen. Gemeinsam ist den vier fokussierten Trägerorganisationen außeruniversitärer Großforschung, dass sie in der juristischen Körperschaft eines Vereins konstituiert sind, weshalb einleitend auch vorrangig die Regelungen des BGB zum Vereinsrecht skizziert wurden.

***

Die mit anwendungsorientierter Forschung befasste Fraunhofer-Gesellschaft bestimmt in ihrer Satzung (vgl. auch Kleindiek 1998, 281-286), dass der Vorstand aus dem Präsidenten und bis zu vier weiteren hauptamtlichen Mitgliedern besteht (Satzung Fraunhofer § 15, Absatz 1). »Der Präsident ist«, gleich eines *primus inter pares*, der überdies vor allem Repräsentationsaufgaben nach außen hin wahrnimmt, »Vorsitzender des Vorstandes und des Präsidiums mit Richtlinienkompetenz für die Geschäftsführung der Gesellschaft« (§ 17, Absatz 1). Auch werden in der Vereinssatzung Aussagen über das Eignungsprofil der maximal fünf Vorstandsmitglieder getroffen: »Ein Mitglied muss über besondere Kenntnisse und Erfahrungen für die kaufmännische Geschäftsführung verfügen. Ein Mitglied muss die Befähigung zum höheren Verwaltungsdienst besitzen« (§ 15, Absatz 1). Hierin spiegeln sich zwei Pole, einerseits ein administrativ-verwaltungsrechtlicher, andererseits ein auf Geschäftsführung und aktives Management bezogener. Fernerhin wird auf die wissenschaftliche Ausrichtung der Gesellschaft abzielend bestimmt, dass zwei Mitglieder des Vorstands Natur- oder Ingenieurwissenschaftler sein müssen. Interessant ist hier insbesondere die Aufteilung der Geschäftsführungsaufgaben des Vorstandes nach inhaltlichen und formalen Kriterien, die neben der fachlichen Kompetenz auch eine eher managementaffine Geschäftsführungspersönlichkeit im kaufmännischen Sinne und einen Repräsentanten der klassischen Verwaltungslaufbahn verpflichtend in das Vorstandsteam integriert. Dem Vorstand der FhG steht als Gesamtgremium zu, »die Geschäfte der Gesellschaft« (§ 16, Absatz 1) zu führen. Unterstützung kann der Vereinsvorstand gemäß Satzung dadurch erlangen, dass »Dritte zur Erfüllung laufender, ihnen übertragener Angelegenheiten eine beschränkte rechtsgeschäftliche Vollmacht« verliehen bekommen können (§ 15, Absatz 4). In detaillierten Aufgabenkatalogen sowohl des Vorstandes (§ 16, Absatz 2 bzw. § 21, Absatz 2) als auch der einzelnen Institutsleitungen werden umfangreiche Rechte und Pflichten definiert. Der qua Satzung mit der Geschäftsführung beauftragte Vorstand der FhG »hat insbesondere folgende Aufgaben:

a) er erarbeitet im Zusammenwirken mit dem Wissenschaftlich-Technischen Rat und mit den im Präsidium vertretenen Verbundvorsitzenden die Grundzüge der Wissenschafts- und Forschungspolitik und die Forschungs-, Ausbau- und Finanzplanung der Gesellschaft;
b) er betreut die Institute und Arbeitsgruppen der Gesellschaft und sorgt in Zusammenarbeit mit dem Wissenschaftlich-Technischen Rat für die Koordinierung und Förderung ihrer Arbeiten;
c) er sorgt für eine vorausschauende Personalplanung und Personalpolitik, er fördert die Aus- und Weiterbildung der Mitarbeiter und wacht über die Erfüllung der Fürsorgeverpflichtung gegenüber den Mitarbeitern;
d) er sorgt für die vertrauensvolle Zusammenarbeit innerhalb der Gesellschaft;
e) er stellt den Wirtschaftsplan und die Jahresabrechnung auf;
f) er bereitet die Beschlüsse der Mitgliederversammlung und des Senats vor und vollzieht sie;
g) er beruft nach Maßgabe der Institutssatzung die Mitglieder der Kuratorien« (§ 16, Absatz 2).

Die untergeordnete Ebene der Institutsleitung, die »aus einem oder mehreren Institutsleitern sowie den Leitern von Teilinstituten und selbständigen Abteilungen besteht«, sind insofern an den Vorstand der Gesellschaft rückgekoppelt, da dieser »im Benehmen mit der Institutsleitung einem Mitglied der Institutsleitung besondere Rechte und Pflichten zusammen mit der Geschäftsführung zuweisen« (§ 21, Absatz 1) kann. Auch hier skizziert die Satzung erneut einen umfangreichen, allerdings bereichsspezifisch eingeschränkten Katalog an Kompetenzen. »Die Institutsleitung hat folgende Rechte und Pflichten:

a) Sie führt die Geschäfte des Instituts und trägt der Gesellschaft gegenüber die Verantwortung für die richtige Verwaltung und bestmögliche Verwendung der Mittel und für die ordnungsgemäße Leitung des Instituts; hierzu gehören die Anleitung der Mitarbeiter, die Zusammenarbeit mit ihnen, die Information und Aussprache über wesentliche Vorhaben sowie die Sorge für ihre angemessene Aus- und Weiterbildung;
b) sie entwirft die Planung für die wissenschaftliche Tätigkeit des Instituts;
c) sie ist im Rahmen des Arbeitsgebietes des Instituts und der von den zuständigen Organen gebilligten Forschungs- und Ausbauplanung in ihrer wissenschaftlichen Tätigkeit frei und unterliegt keiner Beschränkung bei der Wahl, Reihenfolge und Ausführung der wissenschaftlichen Arbeiten des Instituts; dabei hat sie aber den Wirtschaftsplan sowie eingegangene Verpflichtungen zur Durchführung von Forschungsvorhaben zu beachten;
d) sie bemüht sich um Aufträge zur Vertragsforschung; zur Abgabe verbindlicher Angebote und für Vertragsabschlüsse bedarf sie einer allgemeinen oder auf den Einzelfall abgestellten Vollmacht;
e) sie vertritt die Gesellschaft in den laufenden Angelegenheiten des Instituts, sie ist jedoch ohne besondere schriftliche Vollmacht nicht befugt, Kredite zulasten der Gesellschaft oder des Instituts aufzunehmen, in Grundstücksangelegenheiten Verträge zu schließen oder Verfügungen zu treffen und die Gesellschaft oder das Institut vor Gericht zu vertreten;
f) sie entwirft den Haushaltsvoranschlag des Instituts;
g) sie entscheidet über die Verwendung der Haushaltsmittel nach Maßgabe des Wirtschaftsplanes und – soweit vorhanden – des Forschungsplanes;
h) sie macht dem Vorstand Vorschläge für die Einstellung und Entlassung der übrigen Mitarbeiter des Instituts; der Vorstand ist daran gebunden, sofern keine rechtlichen oder sonstigen schwer-

wiegenden Hindernisse bestehen; rechtsverbindliche Erklärungen gegenüber den Mitarbeitern bedürfen einer allgemeinen oder auf den Einzelfall abgestellten Vollmacht;

i) sie berichtet dem Wissenschaftlich-Technischen Rat in festzulegenden Abständen oder auf Verlangen über den Stand, die Planung und die Ergebnisse der wissenschaftlichen Arbeiten des Instituts;

j) sie berichtet dem Vorstand auf Verlangen über den Stand, die Planung und die Ergebnisse der wissenschaftlichen Arbeiten des Instituts und über die Geschäftsführung und hat dem Vorstand oder seinen Beauftragten Einblicke in die Unterlagen zu gewähren.«

***

Weniger umfangreich, wenngleich auch unter Berücksichtigung mehrerer Ebenen, regelt die Satzung der naturwissenschaftlich orientierten Max-Planck Gesellschaft die Geschäftsführungsaufgaben. Ihre Satzung sieht die Einrichtung einer Generalverwaltung vor, die »von einem oder mehreren Generalsekretären geleitet« (§ 20, Absatz 1) wird. Im darauffolgenden Absatz wird bestimmt: »Die Generalverwaltung führt die laufenden Geschäfte der Gesellschaft.« Einschränkend wird mit Blick auf die Finanzen ergänzt, dass »Maßnahmen der Vermögensverwaltung« »im Einvernehmen mit dem Schatzmeister« des Trägervereins zu treffen sind. Wesentlich weniger als bei der FhG ist die Geschäftsführungsaufgabe durch Übertragung des Vorstandes an Dritte jedoch bei der MPG auf einen managementaffinen Ansatz ausgerichtet, denn bereits der Name »Generalverwaltung« deutet auf ein verwaltungsverfahrensgestütztes Geschäftsführungsverständnis hin. Ein eher supportiver Dienstleistungscharakter kommt auch darin zum Ausdruck, dass mit § 20, Absatz 3 ausgeführt wird: »Die Generalverwaltung unterstützt die Organe der Gesellschaft und die Institute bei der Erfüllung ihrer Verwaltungsaufgaben. Sie überprüft die Verwaltung der Institute, insbesondere die Einhaltung der Haushaltspläne.« Die einzelnen Institute wiederum stehen »unter der wissenschaftlichen und verwaltenden Leitung eines Direktors oder Leiters«, der einen ausführlichen Katalog von Rechten und Pflichten hat. Unter anderem berichtet er »dem Präsidenten auf Verlangen jederzeit über die Geschäftsführung und hat den von der Gesellschaft beauftragten Revisoren Einblick in die Unterlagen zu gewähren; er trägt gegenüber der Gesellschaft die Verantwortung für die ordnungsgemäße Verwaltung und Verwendung der Institutsmittel« (§ 28, Absatz 3, Ziffer n).

***

Die in der »Helmholtz-Gemeinschaft Deutscher Forschungszentren e.V.« (HGF) zusammengeschlossenen Institutionen verfolgen laut ihrer Satzung wiederum »langfristige Forschungsziele des Staates und der Gesellschaft« (§ 2, Absatz 1, Satz 1) und betreiben hierzu Grundlagenforschung. In dem 2001 beschlossenen Vereinsdokument findet sich ein eigenes Kapitel mit dem Titel »Geschäftsführer, Geschäftsstelle, Wirtschaftsführung«, was im Vergleich zu den anderen untersuchten Satzungen eine Ausnahme darstellt.[5] Auch ist gemäß § 8 der oder die Geschäftsführer/in – neben Senat, Ausschuss der Zuwendungsgeber, Präsident/in und Mitgliederversammlung – ausdrücklich als Organ des Vereins konstituiert. Zudem wird in der Satzung direkt Bezug auf die vereinsrechtlichen Bestimmungen des BGB genommen. So bestimmt § 11, Absatz 2, dass der Verein »gerichtlich und außergerichtlich durch den (die) Präsident(in) vertreten« wird und fährt fort: »In Verwaltungsangelegenheiten kann der Verein zusätzlich auch durch den (die) Geschäftsführer(in) (§ 18) als besonderer Vertreter im Sinne des § 30 BGB vertreten werden.« Der Präsident/Die Präsidentin muss infolge der Satzungsbestimmungen bei der Berufung der Geschäftsführung in »geeigneter Form« beteiligt werden (§ 11, Absatz 9, Satz 1). Bei der Wahrnehmung seiner Aufgaben kann der Präsident/die Präsidentin von »dem (der) Geschäftsführer(in) unterstützt, beraten und vertreten« werden (Absatz 10, Satz 1). Den »Beschluss über Bestellung, Abberufung aus wichtigem Grund und Entlassung des (der) Geschäftsführer(in)« (§ 12, Absatz 2) trifft die Mitgliederversammlung des Trägervereins. Infolge der ausführlichen Darstellung der Geschäftsführungsaufgaben im Rahmen der Satzung sei der hierfür einschlägige Passus wiedergegeben:

> »§ 18 Geschäftsführer, Geschäftsstelle, Wirtschaftsführung
>
> (1) Der Verein hat eine(n) Geschäftsführer(in), der (die) von der Mitgliederversammlung auf Vorschlag des (der) Präsidenten(in) für die Dauer von fünf Jahren gewählt wird. Wiederwahl ist zulässig. Der (die) Geschäftsführer(in) ist zugleich besonderer Vertreter im Sinne des § 30 BGB in Verwaltungsangelegenheiten und soll in das Vereinsregister eingetragen werden.

5 Die vergleichsweise relativ späte Gründung der Helmholtz-Gemeinschaft spiegelt sich auch in der Tatsache, dass die Organbezeichnungen unter Gesichtspunkten der Gleichstellung formuliert sind.

(2) Der Verein unterhält eine Geschäftsstelle. Die Geschäftsstelle ist dem (der) Präsidenten(in) unterstellt und wird von dem (der) Geschäftsführer(in) geleitet.

(3) Die Geschäftsstelle unterstützt den (die) Präsidenten(in) bei der Erfüllung seiner (ihrer) Aufgaben. Das nähere regelt die Geschäftsordnung gemäß § 11 Abs. 10.

(4) Die Mitarbeiter(innen) der Geschäftsstelle sind Angestellte des Vereins.

(5) Der (die) Geschäftsführer(in) legt über den (die) Präsidenten(in) der Mitgliederversammlung jeweils zur Herbstsitzung einen Voranschlag für die Aufwendungen des nächsten Kalenderjahres zur Zustimmung vor. Der (Die) Geschäftsführer(in) fordert bei den Mitgliedern vierteljährlich anteilige Abschlagszahlungen an, die sich nach dem jeweiligen Mittelbedarf richten.

(6) Spätestens innerhalb von drei Monaten nach Beginn des neuen Kalenderjahres hat der (die) Geschäftsführer(in) Rechnung zu legen, die von einem von der Mitgliederversammlung bestellten Rechnungsprüfer geprüft wird. Aufgrund der Empfehlungen eines von der Mitgliederversammlung bestellten Rechnungsprüfungsausschusses beschließt die Mitgliederversammlung über die Jahresrechnung.«

***

Die »Wissenschaftsgemeinschaft Gottfried Wilhelm Leibniz e.V.« (WGL) verfügt, um den Gang durch die vereinsrechtlichen Satzungsbestimmungen der Forschungsträgerorganisationen zu arrondieren, über wesentlich weniger detaillierte Regelungen zur Geschäftsführung. In Berufung auf § 26 BGB liegt die Hauptgeschäftsführungsaufgabe beim Vorstand des Vereins. Entsprechend § 21 »Generalsekretär/Geschäftsstelle« können jedoch Aufgaben der Geschäftsführung auf Dritte übertragen werden:

(1) »Der Vorstand führt die Geschäfte der Leibniz-Gemeinschaft. Zur Unterstützung des Vorstandes ist eine Geschäftsstelle eingerichtet.

(2) Der Generalsekretär wird auf Vorschlag des Präsidiums vom Vorstand bestellt und abbestellt. Er ist besonderer Vertreter im Sinne des § 30 BGB und bei der Ausübung seiner Tätigkeit an die Beschlüsse der Mitgliederversammlung und des Vorstandes gebunden. Er leitet die Geschäftsstelle der Leibniz-Gemeinschaft.

(3) Der Generalsekretär berichtet dem Präsidium regelmäßig über seine Tätigkeit. Er ist berechtigt und auf Verlangen verpflichtet, an den Sitzungen aller Organe und Gremien teilzunehmen.«

Aus den Satzungsregelungen der vier großen außeruniversitären Forschungszusammenschlüsse lassen sich etliche Merkmale ableiten, die im Zusammenhang mit Geschäftsführungsaufgaben im Wissenschaftsbereich auftreten können. Sie sollen einen ersten groben Überblick über das Tätigkeitsfeld ermöglichen. Grundlegung finden diese Merkmale teilweise im BGB, auf das in einigen Satzungen direkt Bezug genommen wird. Insbesondere § 30 BGB ist hier hervorzuheben, da er die sogenannte Geschäftsführung durch »besondere Vertreter« beinhaltet. Erkennbar ist im Allgemeinen, dass das Aufgabengebiet zwischen klassischer Verwaltung und kaufmännischer Geschäftsführung angesiedelt ist und je nach Betonung des einen oder anderen Aspektes sich auch in der Benennung der Tätigkeit niederschlagen kann: So variieren nach Analyse der vier verglichenen Dokumente die Bezeichnungen der Geschäftsführung durch Beauftragung oder Vertretung nach § 30 BGB von »Generalsekretär(in)« über »Institutsleitung«, »Generalverwaltung«, »Geschäftsführer(in)« bis hin zu »Leiter(in) der Geschäftsstelle«. Somit umfassen die Satzungen auch unterschiedliche Ausprägungsformen der Geschäftsführung innerhalb der organisationellen Hierarchie. Oftmals wird mit den Positionsbezeichnungen direkt auf die unterstützende Dienstleistungs-Funktion des Aufgabenfeldes hingewiesen.

Eine fachwissenschaftliche Befähigung wird vor allem auf der oberen Ebene des Vorstandes bzw. des Präsidiums, also auf der strategischen Leitungsebene, vorausgesetzt. Der Aufgabenradius und die Möglichkeit, übergeordnete Positionen sowie die Gesamtinstitution nach innen und außen zu vertreten, unterscheiden sich erheblich. Allen Satzungen ist eine Informationsfunktion der mit der Geschäftsführung Beauftragten zu entnehmen, die sowohl aktiv als auch passiv ausgestaltet sein kann, indem einerseits entweder Berichterstattungspflichten auferlegt werden oder andererseits das Recht eingeräumt wird, etwa qua Amt, an allen Gremiensitzungen teilnehmen oder umfassenden Einblick in alle Geschäftsgänge erhalten zu können. Zum Teil wird die Geschäftsführung explizit an Gremienbeschlüsse gekoppelt. In Hinblick auf die inhaltliche Ausgestaltung ist weniger eine strategische Planungsaufgabe als diejenige der operativen Umsetzung zu erkennen, teilweise auch mit Akquisitionsauftrag. Beschlussvorbereitung und Beschlussvollzug, weniger genuine Entscheidungsbefugnisse, stehen im Vordergrund. Im organisatorisch-koordinativen Bereich, nämlich vor allem in der Möglichkeit, Gremien einzuladen, mit zu berufen und ggf. deren Agenda (mit) zu bestimmen, ist jedoch ein bedeutendes Recht der Geschäftsführung im außeruniversitären Wissenschaftsbereich zu erkennen. Einen hervorgehobenen Bestandteil der Aufgabenbeschreibung stellt, wie die Satzungsanalyse weiterhin ergab, die Budget- und Finanzplanungsfunktion dar. Von Bedeutung sind ebenfalls die damit verquickte Rechnungslegung und die Rechenschaftsverpflichtung über die Mittelverwendung. Die Finanz- und Mittelbewirtschaftungsbefugnis erweist sich als je nach Hierarchiestufe gestaffelt. Ähnliches gilt für die Möglichkeit, Verträge zu schließen. Fragen der Organisations- und Personalplanung finden ebenso in den untersuchten Dokumenten Erwähnung. Sie schlagen sich etwa in diesbezüglichen Anhörungs-, Vorschlags- oder Vetorechten nieder.

Zusammenfassend ergeben sich aus der Analyse der vier Satzungen erste Hinweise auf die zu erwartende Bandbreite der Tätigkeitsprofile von Geschäftsführung im Wissenschaftsbereich, die auf einige Funktionen an der Schnittstelle von klassischer Verwaltung und (kaufmännischer) Geschäftsführung verdichtet werden können. Neben dem supportiven Dienstleistungscharakter der Positionen sind als Ergebnisse der Dokumentenanalyse folgende wesentliche Tätigkeitsbereiche festzuhalten:

(1) Vertretung gemäß Beauftragung durch § 30 BGB nach innen und außen; darin begründet: supportiver Dienstleistungscharakter;
(2) aktive und passive Informationsfunktion/Wissensmanagement;
(3) Koordinierungs-/Organisationsfunktion;
(4) Beschlussvorbereitungs- und Vollzugsfunktion (bei Gebundenheit an Gremienbeschlüsse);
(5) (Beteiligung an) Personal- und Organisationsentwicklung;
(6) Finanz- und Budgetplanung sowie (damit verbunden)
(7) Verpflichtung zu Rechnungslegung und Berichtswesen.

4. Der Professionalisierungsdiskurs als theoretischer Orientierungsrahmen der Stellenmarktanalyse

Die bereits eingangs zitierte »Professionalisierung einer neuen Profession« konstatierte Volker Meyer-Guckel, stellvertretender Generalsekretär des Stifterverbandes für die Deutsche Wissenschaft, im Jahr 2011 mit Blick auf den Status quo im Wissenschaftsmanagement (Meyer-Guckel 2011). Doch welche Konzepte verbergen sich hinter dieser alliterierenden Aussage? Was ist eine Profession, was kann unter Professionalisierung verstanden werden? Und gibt es überhaupt genügend Hinweise für die von Meyer-Guckel aufgestellte These der Professionalisierung? Was könnten Anhaltspunkte und Beweggründe für die Herausbildung einer »neuen Profession« sein? Welche Aufgabenfelder und Kompetenzen eignen ihr? Und inwiefern unterscheidet sich eine »neue« Profession von einer »alten«? Oder handelt es sich, wie Krücken, Blümel und Kloke, auf deren Studie sich Meyer-Guckel in seinem Beitrag für die Fachzeitschrift *Wissenschaftsmanagement* bezieht (Krücken/Blümel/Kloke 2009), bei der Rede von der Professionalisierung nur um einen »Reformtopos« (Blümel/Kloke/Krücken 2010, 105-107)?

Diesen hier eingangs aufgeworfenen und weiteren verwandten Fragen soll in diesem, die Studie theoretisch fundierenden Kapitel zur Professionalisierung im Bereich des Hochschul- und Wissenschaftsmanagements nachgegangen werden. Wobei zu bemerken ist, dass die Großzahl der Studien und die daraus hervorgehende Literatur für den Professionalisierungsdiskurs in der Bundesrepublik Deutschland, aber auch international, sich vorrangig auf den Aspekt der Hochschulen bezieht. Ungeachtet davon lassen sich in erster heuristischer Näherung für die behauptete These der Professionalisierung im Bereich des Hochschul- und Wissenschaftsmanagements etliche bekräftigende Hinweise finden: So gibt es inzwischen zahlreiche Fachzeitschriften, wie etwa das soeben erwähnte Magazin *Wissenschaftsmanagement*, Fach- und Berufsverbände oder, wie Krohn bemerkt, eine Vielzahl von Netzwerken mit dem Ziel, eine positive Reputation aufzubauen (Krohn 2010, 66). Zu denken wäre in diesem Kontext z.B. auch an das vom Stifterverband unterstützte und maßgeblich von dessen Fellows getragene »Netzwerk Wissenschaftsmanagement« (seit 2011), das sich in jüngster Zeit durch die Erarbeitung eines Berufskodexes für Wissenschaftsmanager/innen hervorgetan hat, oder an den »Bundesarbeitskreis für EU-Referenten an Hochschulen (BAK)«. Fernerhin wird in der Literatur, die sich mit der Professionalisierungsthematik auseinandersetzt, auf Phänomene wie etwa das Career-Service Netzwerk, den Verband der Alumni-Organisationen oder auf das Netzwerk der Forschungs- und Technologiereferenten verwiesen (Krücken/Blümel/Kloke 2010, 6). Forschungs- und Kompetenzzentren sowie Think-Tanks, wie das CHE, das HIS oder staatlich-universitäre Stellen für Hochschulforschung, wie INCHER oder HoF, und weitere Institutionen, wie etwa der Stifterverband, gehören ebenso in diese gewiss noch mit zusätzlichen Beispielen zu ergänzende Liste.

Explizit dem Aspekt der Professionalisierung und der Frage nach der Herausbildung einer Profession gewidmete Forschungsarbeiten, wie die vom BMBF geförderte Studie des INCHER zur »Rolle der neuen Hochschulprofessionen für die Neugestaltung von Lehre und Studium (HOPRO)« (Kehm 2010, 30-36; Schneijderberg/Merkator/Teichler/Kehm 2013) oder die Untersuchungen des ZWM und des FÖV der seinerzeitigen Hochschule (nunmehr: Universität) für Verwaltungswissenschaften in Speyer zur Entwicklung des Berufsfelds administratives Hochschulmanagement (Krücken/Blümel/Kloke 2009 u.ö.), sind ein weiterer Bestandteil des breit gefächerten Spektrums an Professionalisierungsanzeichen. In diesem Rahmen ist auch die aktuell am CHE durchgeführte Untersuchung von Fedrowitz, Leichsenring und von Stuckrad (2014) zu erwähnen, die sich auf der Grundlage einer Befragung mit Aspekten der Professionalisierung im Bereich des Fakultätsmanagements befasst (vgl. auch Leichsenring 2009).

Im Rahmen dieses einleitenden Reigens an empirischen Hinweisen für die Professionalisierungsthese sind fernerhin zu nennen: Internetplattformen, wie das vom ZWM Speyer unterhaltene »Forum Wissenschaftsmanagement« bzw. neuerdings »Wissenschaftsmanagement Online« oder Weiterbildungs- und Zertifikats-Studienprogramme sowie die verschiedenen akkreditierten Studiengänge in Speyer, Oldenburg, Berlin und Osnabrück mitsamt ihren Online-Stellenbörsen und weiteren Service-Tools. Anzeichen von Professionalisierung lassen sich auch erkennen in der Ausschreibung von Wettbewerben und Stipendien (z.B. das »Fellowship Wissenschaftsmanagement« des Stifterverbandes mit insgesamt sechs Ausschreibungsrunden von 2006 bis 2011), in Publikationsreihen, die dem Aspekt von Wissenschafts- und Hochschulmanagement gewidmet sind, in der Gründung von Fachverlagen, der zunehmenden Zahl an Konferenzen, Tagungen und weiteren Foren und Formaten wissenschaftlicher und berufsständischer Reflexion.

Aber auch in der Theoretisierung der Arbeitspraxis im Hochschul- und Wissenschaftsmanagement. Nicht zuletzt deuten inzwischen auch zum Teil systematisierten Karrierewege und in den letzten Jahren etablierte Rekrutierungsmöglichkeiten sowie die zunehmende Ausschreibungskonjunktur, beispielsweise indiziert durch die Einführung der Rubrik »Hochschulverwaltung« im Stellenmarkt der Wochenzeitung *DIE ZEIT*, auf die gewachsene Bedeutung des Bereichs und auf den Entwicklungsprozess einer beruflichen Identität von Hochschul- und Wissenschaftsmanager/innen, mithin also auf die Validität der inzwischen breit vertretenen These eines Professionalisierungsprozesses im untersuchten Feld des Wissenschaftsmanagements hin. In Analogie hierzu könnte das auch als These für die Geschäftsführung im Wissenschaftsbereich behauptet werden.

Initiiert wurde die eingangs aufgezeigte Tendenz zu mehr Professionalität, zur Professionalisierung und zur Herausbildung »neuer« Professionen durch die verstärkte Autonomie von Wissenschaftsorganisation(en), die im Rahmen eines globalen Transformationsprozesses zu lokalisieren ist (Krücken 2008). Ausflüsse dieser weitreichenden Internationalisierungsprozesse im Sinne eines globalen Wettbewerbs waren solche Phänomene wie z.B. die Bildung der European Higher Education Area, der Bologna-Prozess oder das Aufkommen neuer Techniken und Technologien (Zahir 2010, 47) und innovativer Ordnungs-, Vergleichs- und Wettbewerbssysteme, wie z.B. durch die zunehmende Zahl an Rankings belegt, die einen organisationalen Wandel der Lehr- und Forschungsarbeit an Universitäten, Hochschulen und Forschungseinrichtungen zur Folge hatten (Krücken 2006). Insgesamt virulent wurde dieser Wandel durch die globale Entwicklung zu mehr Dezentralisierung und die Stärkung der Selbstverwaltung im Rahmen des Modells eines an Effizienz- und Effektivitätsmaßgaben orientierten New Public Managements und der damit einhergehenden neuen Steuerungsmodelle (Schimank 2005). So gab es infolge dieser Dezentralisierungsprozesse, die teilweise von Autonomiegewinnen begleitet waren (Klug 2010, 179), etwa die Möglichkeit, Stellen subsidiär und unabhängig vom Stellenplan einzurichten (Moes/Stender 2010, 71). Dies sei erwähnt, um die Effekte der zuvor skizzierten, eher übergeordneten Entwicklungen für das konkrete Studienobjekt, den Stellenmarkt für Geschäftsführungen im Wissenschaftsbereich, zu illustrieren und eines von vielen möglichen Beispielen mit konkreter Auswirkung auf die Professionalisierung des Hochschul- und Wissenschaftsmanagements zu benennen. Auch wird in vergleichbarem Kontext häufig darauf hingewiesen, dass durch diese übergeordneten Entwicklungen die Grenzen zwischen akademischem und administrativem Bereich verschwommen seien (vgl. z.B. Klug 2010, 82-84). So konstatiert Krohn die »Aufweichung des kulturellen Gegensatzes zwischen den kollegialen, auf die akademischen Freiheiten zielenden Steuerungsmechanismen in der Wissenschaft und den an Wettbewerb und marktlichen Anreizen und sozioökonomischen Zielen ausgerichteten Managementansätzen der Wirtschaft« (Krohn 2010, 64).

Aus diesen heuristisch, an einzelnen Phänomenen argumentierenden Vorbemerkungen zur Entstehung »neuer Hochschulprofessionen« (Kehm 2010) leitet sich auch der hier verfolgte Ansatz ab, Stellenausschreibungen unter den bereits genannten und im Lauf der Darstellung noch zu entwickelnden Aspekten quantitativ und qualitativ zu untersuchen und auf mögliche Interferenzen mit übergeordneten Entwicklungen hin zu befragen. Bislang wurde dies hauptsächlich für den Hochschulbereich durchgeführt (vgl. v.a. die Arbeiten von Blümel, Krücken und Kloke 2009 und 2010; von Kehm 2010 sowie aktuell Fedrowitz, Leichsenring und von Stuckrad 2014), da dort infolge der staatlichen Trägerschaft und den damit einhergehenden statistischen Möglichkeiten unter anderem eine bessere Quellenlage gegeben ist und auch ein gewisses Eigeninteresse, signalisiert durch die Gewährung von Fördermitteln, etwa seitens des BMBF oder des privatwirtschaftlich getragenen Stifterverbandes, vorhanden zu sein scheint. Jedoch bestehen, worauf hier ausdrücklich hingewiesen werden soll, durchaus Unterschiede zwischen Hochschulbereich und Forschungseinrichtungen (Meyer-Guckel 2011, 14), die auch darauf zurückzuführen sind, dass die Versäulung des deutschen Wissenschaftssystems (Nickel/Ziegele 2010) in Hochschule und außeruniversitäre Forschung bislang noch kaum überwunden ist (Meyer-Guckel 2011, 15). Bei den hier im Fokus stehenden intermediären Positionen des Hochschul- und Wissenschaftsmanagements wird jedoch eine stärkere Aufhebung der Grenzen infolge ihrer »Hybridfunktion zwischen Wissenschaft und Verwaltung« nahegelegt (Klug 2010, 84), was inzwischen einen Wechsel zwischen den »Sphären« (Klug 2010, 86) oder »Säulen« (Nickel/Ziegele 2010) erleichtere.

Etliche Ausführungen zur Verortung der Professionalisierung rekurrieren in Anlehnung an die unzähligen Einlassungen von Celia Whitchurch auf das Denkmodell des sogenannten »Third Space«, welches, anders als die zuvor ausgeführte These von den verschwimmenden Grenzen, sich einen Raum zwischen Akademie und Administration neu eröffnen sieht, der dann wiederum von einer »neuen« Profession besetzt werden könne. Gelegentlich wird dieser Raum entgegen der gewöhnlichen Alliteration nicht zwischen Akademie und Administration, sondern zwischen Service und Akademie angesiedelt (Urban/Meister 2010, 117 in Anlehnung an Gordon 2004 und Di Napoli 2010). Die klassische Definition des »dritten Raumes« gemäß Celia Whitchurch sei hier, als Basis der weiteren kritischen Auseinandersetzung damit, einmal in der Übersetzung von Barbara Kehm wiedergegeben als »emergentes Territorium zwischen dem wissenschaftlichen und dem professionellen Bereich, welches vorrangig von weniger gebundenen Typen des Hochschulprofessionellen bevölkert wird« (Whitchurch 2008a, 384, Übersetzung zit. nach Kehm 2010, 29). Die im Zitat angedeutete Typisierung geht davon aus, dass es im Wissenschaftsbereich erstens sogenannte »bounded professionals« gebe, die in einem vorher festgelegtem Rahmen arbeiten, zweitens »cross-boundary-professionals«, welche die Grenze zwischen Wissenschaft und Verwaltung produktiv machen und aktiv zwischen diesen vermitteln würden, und drittens sogenannte »blended professionals«, die in beiden Bereichen arbeiteten und vermischte Tätigkeitsprofile und Werdegänge vorzuweisen hätten (Klug 2010, 83).

Diese vergröbernd typisierenden Modellvorstellungen, die skizzenhaft präsentiert wurden, lassen sich in ihren Auswirkungen auf die Professionalisierungsthese wie folgt zusammenfassen und kategorisieren: Als Voraussetzung für die Professionalisierung wird entweder das Entstehen eines neuen, dritten Raumes zwischen Akademie und Administration oder das Verschwimmen der Grenzen von Akademie und Administration angenommen, wobei sich aufgrund der unterschiedlichen Ausgangslagen drei Typen von sogenannten »(Hochschul-)Professionellen« herausbilden. Die von Whitchurch aufgebrachte These des dritten Raumes und die Idee des Verschwimmens der Grenzen könnte man metareflexiv als horizontale Erklärungsmodelle (Zellweger Moser/Bachmann 2010) bezeichnen, die von den Rahmenbedingungen, also deduktiv vom Gesamtsystem her argumentieren. Wohingegen ein drittes, vertikales Modell der Ausdifferenzierung unter Fokussierung auf die Akteure, die bei Whitchurch beispielsweise in drei Idealtypen unterteilt werden, davon ausgeht, dass etwa durch Personalunion oder Ausdifferenzierung unter Zuweisung an die wissenschaftliche Leitung sich »managende Forschende«, in der Terminologie Whitchurchs sogenannte »blended-« oder »cross-boundary-professionals«, herausbilden, die »sowohl als Servicepersonal als auch als Mitglieder der akademischen Welt wirkungsvoll agieren können« (Jenert/Brahm 2010, 124). Auch wird manchmal davon gesprochen, dass ein eigenständiger Typus des Supportbereichs, der »Forschungsmanager«, entstanden sei, der »verschiedene Aufgaben der Vorbereitung und Durchführung von Entscheidungen, der laufenden Gestaltung und Dienstleistungen« erfülle (Teichler 2008, 79). Der Forschungsmanager solle, um eine exogene Berechtigung für die Ausübung der Tätigkeit zu haben, auch seitens der Forscher »als unterstützendes Element« wahrgenommen werden, das »dazu beiträgt, dass sich Wissenschaftler weitestgehend auf ihre Kernaufgaben konzentrieren können« (Blümel/Kloke/Krücken 2010, 123).

Nachdem ausgehend von der Heuristik der einzelnen Phänomene die Vor- und Rahmenbedingungen der Professionalisierungsthese erörtert und deren Gestalt dargelegt wurden, scheint es nun geboten, näher auf die im Professionalisierungsdiskurs verwendeten Begrifflichkeiten und die damit verbundene Unterscheidung von Professionalisierung als Prozess und Profession als soziologische Kategorie einzugehen. Dabei soll auch auf einige soziologische Merkmale aus der Professionsforschung hingewiesen werden. Somit wäre also nochmals genauer zu differenzieren zwischen den Begriffen »Profession«, »professionelles Handeln«, »Professionalität« und »Professionalisierung« und deren jeweiliger Verwendung (Urban/Meister 2010, 108-110).

Ausgangspunkt hierfür ist bei einem der Ahnherren der Soziologie, bei Max Weber, zu nehmen. Insbesondere in seinen Arbeiten zur Wissenschaftssoziologie hat er die im Prozess der Zivilisation (Elias 1997) geborgene, sich im historischen Verlauf ausbreitende Tendenzen zu Spezialisierung, Intellektualisierung und Rationalisierung grundlegend beschrieben. Diese Tendenzen interferieren mit der allgemeinen Komplexitätszunahme im Rahmen der Moderne und gehen einher mit der steigenden Bedeutung von implizitem Wissen (Polanyi 1966), welches stark persönlichkeits- und situationsbezogen ist. Weber sieht in seiner klassischen Studie zum Thema »Wissenschaft als Beruf« die Tendenz der Moderne, Wissenschaft als »fachlich betriebene[r] ›Beruf‹ [...] im Dienst der Selbstbesinnung und der Erkenntnis tatsächlicher Zusammenhänge« zu betreiben (Weber 1992, 334). Insofern unsere Gesellschaft, um mit Ulrich Beck zu sprechen, mittlerweile im Zeitalter der reflexiven, zweiten oder gar Post-Moderne (vgl. Beck/Bonß 2001) angelangt ist, kann das Aufkommen von Hochschul- und Wissenschaftsmanagement als Beleg für Becks auf Luhmann gestützte These von der für die reflexive Moderne prägenden Reflexivität zweiten Grades gelten (Luhmann 1992). Nicht die Betreibung der Wissenschaft selbst, sondern die Ermöglichung der Wissenschaft als solcher im Sinne einer »quasi-akademischen Funktion« (Whitchurch 2008) ist Inhalt dieser neuen, sozusagen postmodernen Profession und zugleich Anzeichen eines durch die Komplexitätszunahme erforderlich gewordenen Professionalisierungsprozesses.

Geht man nun von einem engeren, pragmatischen Begriffsverständnis aus, kann mit Tremel und Fischer Professionalisierung verstanden werden »als die Schaffung neuer (nicht-akademischer) Tätigkeitsfelder im Hochschulkontext, die in enger Verbindung mit den Hauptaufgaben Lehre und Forschung stehen« (Tremel/Fischer 2010, 204). Allerdings wäre anzumerken, ob mit Whitchurch nicht alternativ auch von einer »quasi-akademischen Funktion« der Tätigkeitsfelder gesprochen werden könnte, oder mit Nickel und Ziegele sogar die Zuordnung des Tätigkeitsfeldes zum akademischen Bereich in Erwägung zu ziehen wäre. Fedrowitz, Leichsenring und von Stuckrad (2014, 44 f.) gehen in ihrer Arbeit zum Fakultätsmanagement von einem weiteren Verständnis aus, das mit dem soziologischen Begriff der »Normalisierung« bzw. »Standardisierung« korreliert, um dadurch möglichst viele Elemente dem Aspekt der Professionalisierung zuordnen zu können (ebd. 52). Dadurch möchten sie sowohl das in den Akteuren der Professionalisierung geborgene implizite Wissen als auch formalisierte Entscheidungsstrukturen für ihre Argumentation fruchtbar machen. Von entscheidender Bedeutung für den Professionalisierungsprozess sind ihnen zufolge »gemeinschaftlich ausgehandelte Handlungs- und Leistungsroutinen und Qualitätsstandards« (ebd. 45).

Eine hiervon abweichende Verwendung des Professionalisierungsbegriffes bei Moes und Stender stellt den Supportcharakter des Tätigkeitsbereiches in den Vordergrund und ist weiterer Beleg für einen nicht vorhandenen Forschungskonsens. Letztgenannte Autoren schlagen, um die große Bandbreite an Verwendungsweisen zu demonstrieren, eine »schwache Form des Begriffes« vor, »der betont, dass hier Aufgaben, die bislang eher unter die ›sonstigen Aufgaben‹ des akademischen Personals fielen, in eigenen Stellen hauptamtlich – und damit ›professionell‹ – bearbeitet werden« (Moes/Stender 2010, 72). In diesem Verständnis wird also, die Definitionsversuche zusammenfassend, nicht von einem an soziologischen Merkmalen orientierten Professionalisierungsbegriff ausgegangen, sondern gemäß des Alltagssprachgebrauchs Professionalität als ein Synonym für gekonnte, gut und richtig, anhand von nachvollziehbaren Kriterien und Handlungsmustern ausgeführte Berufstätigkeit verwendet (Nittel 2000, 4), oder, wie im zuvor zitierten Definitionsversuch von Moes und Stender zu sehen, Wissenschaftsmanagement gar zu einer Residualkategorie erklärt, die sich mit »Sonstigem« beschäftigt. Diese eher alltagssprachlichen Definitionen entspringen, um auf deren historische Ursprünge hinzuweisen, der traditionsreichen Abgrenzung des Status des Professionellen vom Status des Laien, die dem religiösen Kontext entstammt.

Idealtypischerweise wird für das Vorhandensein einer Profession, um von den eher alltagssprachlichen Verwendungsweisen des Begriffes »Professionalisierung« auf die Fachterminologie und die Ebene der soziologischen Betrachtung überzuwechseln, eine Anzahl an typischen Merkmalen genannt. Diese Merkmale sind, in Anschluss an die Zusammenfassung von Urban und Meister (Urban/Meister 2010; vgl. auch Blümel/Krücken/Kloke 2010, 116f., wo noch stärker aus der soziologischen Tradition heraus argumentiert wird):

(1) ein eindeutiger Berufszugang/die Existenz formaler Karrierewege,
(2) die Existenz eines Fachverbandes,
(3) das Vorhandensein ethischer Standards,
(4) gewährleistete berufliche Handlungsautonomie, extern und intern (also bezogen auf Stakeholder als auch auf die Organisation).

Erst, wenn alle diese Kriterien eindeutig erfüllt sind, kann im traditionellen soziologischen Sinne von der Existenz einer eigenständigen Profession gesprochen werden. Gerade mit Blick auf die Punkte 1 und 4 zeigt sich jedoch, dass das Hochschul- und Wissenschaftsmanagement sich zwar anhand der weiter oben aufgezeigten Phänomene auf dem Weg der Professionalisierung befindet. Aber von einer Profession – beispielsweise wegen der keinesfalls eindeutigen Berufszugänge und der Frage nach der Handlungs- und Entscheidungsautonomie – (noch) entfernt ist. Insbesondere im Charakter des nach wie vor hierarchisch organisierten Hochschul- und Wissenschaftsbereiches und infolge des häufig supportiven, kaum handlungsautonom-regelsetzenden Charakters der Tätigkeit, kann in strikt soziologischer Betrachtungsweise also (bislang) eher nicht vom Vorhandensein einer Profession gesprochen werden. Aus alltagssprachlicher Perspektive ist das wiederum eine andere Angelegenheit, wovon etwa der zitierte Artikel von Meyer-Guckel zur »Professionalisierung einer neuen Profession« Beleg gibt (2011).

»Professionalität«, um vom Begriff der »Profession« auf ein eng damit verwandtes Konzept zu wechseln, hingegen wird gemeinhin als »die besondere Qualität einer personenbezogenen Dienstleistung hinsichtlich der Kompetenzen und der Befähigungen des beruflichen Rollenträgers« definiert und »steht für die nur schwer bestimmbare Schnittmenge aus Wissen und Können« (Urban/Meister 2010, 109 in Anlehnung an Nittel 2000, 16 und Nittel 2004, 94). Professionalität erweist sich somit als graduelles Indiz des qualitativ umschriebenen Professionalisierungsstandes, wobei der Begriff »Professionalisierung« gemäß den Ausführungen von Nittel (2000, 17) verstanden werden kann als »Prozess der Verberuflichung im Sinne der Neukonstitution eines Berufsbildes ebenso [...] wie [er] den Vorgang der Aufwertung eines bereits existierenden Berufs im Sinne von Akademisierung, Spezialisierung und Verwissenschaftlichung« zu umschreiben vermag (Nittel 2000, 17). Fedrowitz, Leichsenring und von Stuckrad (2014) sprechen in Bezug auf das Fakultätsmanagement deshalb, diese Differenzierung aufgreifend, von einer »Professionalisierung ohne Profession«.

Eine in diesem Kontext hilfreiche Differenzierung nimmt Julia Evetts (2008) vor, die zwischen zwei distinkten Formen von Professionalismus unterscheidet: Einerseits die am traditionellen Verständnis angelehnte »berufliche Professionalität«, andererseits die »organisatorische Professionalität«, welche sich von ersterer dadurch unterscheidet, dass es bei ihr »keine homogene berufliche Sozialisation gibt, kein spezifisches Professionsethos und keine kollegiale Autorität im Zusammenhang mit einer starken Orientierung an den eigenen Peers« (Krücken/Blümel/Kloke 2010, 6f.). Somit kann Professionalisierung zum einen verstanden werden als ein historischer Entwicklungsprozess, zum anderen als ein eher gegenwärtiger Prozess der Herausbildung einer »bestimmten berufsständischen Handlungskompetenz« (Urban/Meister 2010, 109). Womit Professionalisierung zusammenfassend als ein »kollektiver und individueller Prozess der beruflichen Reifung« (Nittel 2000, 61) bezeichnet werden könnte.

Barbara Kehm hat diesem bereits breit gefächerten Begriffsspektrum noch in Anlehnung an Celia Whithchurchs umstrittenen Ansatz der »third-space-professionals« und in Rückgriff auf die erstmalige Begriffsverwendung durch Klumpp und Teichler (2008, 169) den Begriff der »Hochschulprofessionellen« hinzugefügt, um dadurch die spezifischen Besonderheiten dieser Gruppe dezidierter betonen und den Begriff der »Profession« passgenauer definieren zu können. Bei Angehörigen dieser Gruppe handele es sich um »wissenschaftlich qualifizierte Personen an Hochschulen [...], die selbst nicht primär in Forschung und Lehre tätig sind, aber Entscheidungen des Managements sachkundig vorbereiten, Dienstleistungen etablieren und die Kernprozesse der Hochschulen – Forschung, Lehre und Studium – aktiv mitgestalten« (Kehm 2010, 23). Schaut man nun darauf, welche Strategien der Professionalisierung vorherrschen, so lässt sich erkennen, dass einerseits eine ergänzende Professionalisierung von bereits an der Hochschule tätigem Personal stattfindet, andererseits die gesonderte Professionalisierung von neuem Personal immer mehr in den Vordergrund tritt (Kehm 2010, 24).

Abgesehen davon, dass sich die meisten Arbeiten, wie bereits in anderem Zusammenhang angedeutet, nur mit dem Bereich der Hochschule, mithin also mit den sogenannten »Hochschulprofessionellen« beschäftigen, kommt noch hinzu, dass kaum Einigkeit darin besteht, was denn spezifische Merkmale dieser Gruppe sind. Also, wer zu der Gruppe dazuzählt, und in welchem Verhältnis die »Hochschulprofessionellen« zu den anderen im Wissenschaftsbereich tätigen Personen stehen. Eine weitere wichtige Frage ist deshalb, welche Kompetenzen »Hochschulprofessionelle« und – diese Ergänzung ist äquivalent hierzu jeweils mitzudenken – »Wissenschaftsprofessionelle« bzw. Tätige im außeruniversitären Wissenschaftsmanagement oder in der hier fokussierten Geschäftsführung im Wissenschaftsbereich nun zugesprochen bekommen oder welche Fähigkeiten von ihnen gefordert werden, um hierüber eine Annäherung an Gemeinsamkeiten eines noch wenig definierten Tätigkeitsfeldes zu erlangen. Von der expliziten Bezeichnung als Beruf bzw. Profession sei hier aufgrund der diskutierten Definitionsproblematik und der noch offenen Professionalisierungsprozesse im Weiteren abgesehen.

Was jedoch konstatiert werden kann, ist, dass sich Professionalisierungsschübe im Hochschul- und Wissenschaftsbereich unter anderem dadurch ereignet haben, dass sich Qualitätsansprüche gewandelt, Kompetenzen und Anforderungen zugenommen, Nebenaufgaben zu Hauptaufgaben aufgewertet und ausdifferenziert wurden oder ganz neue Aufgabengereiche hinzugekommen sind, die früher nicht zum Kerngeschäft von Wissenschaft gehörten, wie z.B. die Drittmitteleinwerbung oder das Qualitätsmanagement (Kehm et al. 2008, 199).

Sich induktiv einer Definition nähernde Ansätze, auf die nun in Vorbereitung der Analyse des empirischen Materials der Blick gelenkt werden soll, bestehen darin, dass sie sich entweder durch die enumerative Benennung der Aufgabenbereiche einen ersten Überblick verschaffen oder eine negative Abgrenzung zu anderen bereits definierten Tätigkeitsbereichen vornehmen. Hierbei werden *ex negativo* – nach Abzug der »Hochschulangehörigen« – oft alle »Übriggebliebenen« zu einer Gruppe zusammengenommen, »welche anders als Hochschulangehörige in Forschung und Lehre sowohl Expert/inn/en des Hochschulsystems als auch Spezialist/innen von Management und Verwaltung« sind (Kehm 2010, 26).

Wesentlich differenzierter schlägt Gornitzka vier Aspekte der Professionalisierung für Beschäftigte vor, die nicht primär im Kernbereich von Forschung und Lehre tätig sind:

(1) »Steigende Ansprüche an die formale Ausbildung für administrative Positionen,

(2) formaler Statusanstieg von administrativen Positionen,
(3) Entstehen einer gemeinsamen kognitiven Basis,
(4) Entstehung und Formalisierung von Netzwerken des entsprechenden Personenkreises und einer gemeinsamen Identität« (Gornitzka 2008, 173).

In diesem Zusammenhang wäre erneut zu problematisieren, dass eine wesentliche Stufe auf dem Weg zu einer Profession, die in der klassischen soziologische Professionstheorie eine entscheidende Rolle spielt, nur schwerlich von sogenannten »Mid-Level Managern«, die auf Hochschulebene unterhalb der Hierarchieebene des Rektors/Präsidenten/Vorstandsvorsitzenden angesiedelt sind, zu erreichen ist, nämlich das »Rule-Setting« und die damit einhergehende autonome Entscheidungsbefugnis. Inwiefern überdies der Status einer rechtlich festgelegten Handlungskompetenz erreicht werden kann, ist eine weitere Frage, auf die bislang seitens der Forschung noch keine zufriedenstellende Antwort gegeben wurde. Deshalb dürfte dieser für den Professionalisierungsprozess des Hochschul- und Wissenschaftsmanagements neuralgische Aspekt im Ansatz von Gornitzka wohl auch nicht berücksichtigt worden sein.

Fernerhin weisen die Ergebnisse der »HOPRO-Studie« von Kehm und anderen darauf hin, dass sich der Tätigkeitsbereich auch längerfristig nur schwierig im klassisch soziologischen Sinne als Profession etablieren dürfte. Denn die Beschäftigen sehen sich auf ihre praktischen Alltagserfahrungen befragt »vorrangig als Dienstleister/innen von Wissenschaftler/innen und ihre Rolle weniger aktiv als reaktiv« (Kehm 2010, 35; vgl. Gornitzka 2008, 174). Ähnliche Resultate gehen aus den Fragen zum Selbstverständnis hervor, die Krücken, Blümel und Kloke den Befragten ihres Untersuchungssamples gestellt haben. Mehrheitlich sahen sich die Respondenten in der Funktion als »Servicedienstleister« oder als »Berater« (Krücken/Blümel/Kloke 2010, 6). Auch vermuten die Autoren in einem weiteren Artikel, der sich mit Professionalisierungsprozessen im Hochschulmanagement auseinandersetzt, dass der Professionalisierungsbegriff zuweilen bewusst in strategischer Absicht als Reformtopos eingesetzt werde. Anhand einer Vielzahl an Publikationen, die sich der Thematik eher heuristisch und in den wenigsten Fällen auf breiter empirischer Basis annehmen, wird das plausibilisiert (Blümel/Kloke/Krücken 2010, 105). Professionalisierung fungiere »zumeist als Selbstbeschreibung der Akteure« und nicht als analytischer Begriff (ebd. 118). Vielmehr werde er zu einer »kulturellen Ressource« erhoben, »die im distinkten Organisationsfeld der Hochschul- und Wissenschaftsorganisationen die Entwicklung neuer Berufsgruppen und Tätigkeitsfelder im Hochschulmanagement legitimiert« (ebd. 120).

Zu fragen ist in diesem Kontext auch danach, welche Tätigkeitsfelder überhaupt ausfindig gemacht werden können, in denen »Hochschulprofessionelle« bzw. »Hochschul- und WissenschaftsmanagerInnen« zum Einsatz kommen.

Ulrich Teichler (2005) benennt im Wesentlichen vier funktionale Aufgabenfelder:

(1) das klassische Hochschulmanagement mit Entscheidungsvorbereitungs- und Entscheidungsunterstützungsfunktion,
(2) den Dienstleistungsbereich,
(3) den Hybridbereich zwischen Dienstleistung und Management und
(4) die Ausdifferenzierung der Lehr- und Forschungsfelder.

Klug (2010, 180-182) hingegen schlägt anhand ihres Blickes auf die Neuorganisation von Geschäftsführungsaufgaben auf Fakultätsniveau fünf Aufgabenfelder vor:

(1) Finanzen,
(2) Personal,
(3) (Studien-)Organisation/(Campus-)Management,
(4) Qualitätsmanagement und Evaluation,
(5) Öffentlichkeitsarbeit.

Aus diesen beiden Kategorisierungsbeispielen wird vor allem ersichtlich, dass je nach Kontext und Betrachtungsperspektive unterschiedliche Aufgabenfelder und Tätigkeitsbereiche definiert werden können, was sich auch schon im Rahmen der Satzungsanalyse der Wissenschaftsverbünde angedeutet hat. Dennoch gibt es wohl gerade in der von Klug untersuchten Fakultätsgeschäftsführung einen hohen Grad an Überschneidungen zu den in den Satzungen beschriebenen Tätigkeitsfeldern der Geschäftsführung im Wissenschaftsbereich.

Nach diesen begriffsanalytischen und theoretisch-reflexiven Ausführungen, die jedoch wichtig für die Einordnung der vorliegenden Studie in den Professionalisierungsdiskurs und für die Schärfung des eigenen Forschungsansatzes sind, soll nun nach den Kompetenzen gefragt werden, die in Verbindung mit dem Tätigkeitsbereich und den zuvor anhand der Ausführungen von Teichler und Klug skizzierten Aufgabenfeldern des Hochschul- und Wissenschaftsmanagements genannt werden. Dadurch kann die Untersuchung der Stellenausschreibungen weiter inhaltlich vorbereitet werden und zudem an den im vorigen Kapitel erarbeiteten Kompetenzkatalog wissenschaftlicher Geschäftsführung, der aus der Analyse der Satzungen hervorging, angeknüpft werden. Außerdem ist somit der Übergang von den allgemeineren soziologischen Überlegungen zur Professionalisierungsthematik im Hochschulbereich auf die spezifische Fragestellung der Geschäftsführung im Wissenschaftsbereich gewährleistet.

Vielfach ist in der Literatur anzutreffen, dass neben den Fachkompetenzen, die oft als Grundlage der Tätigkeit bezeichnet werden, Beschäftigten im Bereich des Hochschul- und Wissenschaftsmanagements vor allem Sozial- und Selbstkompetenz bzw. persönliche Kompetenzen (Fedrowitz/Leichsenring/Stuckrad 2014, 59-61) als weitere wichtige Dimensionen von Handlungskompetenz besonders gut anstünden (Euler/Hahn 2007; Jenert/Brahm 2010, 127). An überfachlichen Kompetenzen werden in den verschiedenen Katalogen etwa Organisationsgeschick, Konsensorientierung, Verhandlungsgeschick, Kontaktfreude und Kommunikationsfähigkeit genannt (vgl. auch den Katalog bei Fedrowitz/Leichsenring/Stuckrad 2014, 60f.). Diese seien insofern wichtig, da sich mit ihnen eher das Ziel der Kompetenzzuschreibung und der Anerkennung durch Dritte erreichen lasse, was gerade im Prozess der Herausbildung einer Profession einen wichtigen Aspekt darstelle. Begleitet werden müsse diese Anerkennung von außen durch die Ausbildung einer entsprechenden Identität bei den StelleninhaberInnen, welche nicht nur negativ durch Abgrenzung zu gewinnen, sondern durch positive Merkmale zu beschreiben sei (Moes/Stender 2010, 79f.). Empfohlen wird deshalb auch in Anlehnung an aktuelle Diskussionen der Bildungsforschung lebenslanges informelles und formelles Lernen als Prozess zum Erwerb und zur Entwicklung notwendiger Kompetenzen, um dadurch den gestiegenen professionellen Anforderungen auf individueller und sozialer Ebene gerecht werden zu können. So werden mit Blick auf Kompetenzen und Professionalisierungsstrategien vor allem Handlungskompetenz in den Bereichen Akademie, Forschung und Lehre genannt als auch »Schlüsselkompetenzen wie soziale Kompetenz, Frustrationstoleranz, Mut für Neues, Reflexion, Feldkompetenz sowie Problemlösungskompetenz« (Urban/Meister 2010, 114). Obgleich Urban und Meister diese im Rahmen ihrer Forschungen vor allem bezogen auf den hochschuldidaktischen Bereich postulieren, sind diese Kompetenzen von universellerer Natur. Dies gilt auch für den von ihnen in Anlehnung an Gosling (2006) erwähnten flexiblen, kollaborativen und reflexiven Charakter der Arbeit. Letztgenannte Fähigkeit zur Reflexion sei von hervorgehobener Bedeutung für die Positionierung innerhalb der eigenen Institution, wie auch die Bereitschaft, für alle Statusgruppen zu arbeiten. Sie kommen deshalb den vielgestaltigen Kompetenzkatalog verdichtend zu dem Schluss: »Der Mitarbeiter muss somit strategisch, dem Kontext angepasst und vielseitig vorgehen« (Urban/Meister 2010, 115). Das hier skizzierte, vielfältige Portfolio zusammenfassend könnte auch von diplomatischem Geschick gesprochen werden. Von Carew (2008) wird diese Kompetenzvielfalt auch als »Toolkit-Ansatz« bezeichnet und mit der Fähigkeit zu einer durch hohe Organizität gekennzeichneten »elastic practice« konnotiert. Insofern verbindet die Sprachlichkeit der genannten Forschungsarbeiten biologische mit technischen Metaphern und betont damit auch hierüber den intermediären, auf Übersetzungsleistung beruhenden Charakter des Aufgabenfeldes. Andernorts wird dieses Phänomen der Vielgestaltigkeit, die sich unter anderem auch in den weitgefächerten Kompetenzanforderungen niederschlägt, als Komplementarität von Hybridisierung und Professionalisierung bezeichnet (Krücken/Blümel/Kloke 2009, 12).

Die soeben angeführten Autoren nennen im Rahmen ihrer empirisch fundierten Forschungen zum Professionalisierungsprozess im Hochschulmanagement ebenfalls zahlreiche Kompetenzen, wie etwa »Anpassungsfähigkeit und Sensibilität« (Krücken/Blümel/Kloke 2010, 5 f.). Von den Befragten ihres Samples wurden häufig auch noch weitere Soft-Skills, wie »Teamfähigkeit, Verhandlungs- und Beratungsgeschick als wichtigste Kompetenzen für die eigene Tätigkeit genannt« (ebd.).

Als essentiell für professionelles Handeln im Hochschul- und Wissenschaftsmanagementbereich werden also, die gemachten Ausführungen zusammenfassend, insbesondere kommunikative Kompetenzen gesehen: »Dazu gehören die Fähigkeit, Empathie zu zeigen, zuzuhören und verhandeln zu können« (Urban/Meister 2010, 115). Zuweilen mutet die Darstellung sogar dergestalt an, als werde die Erlangung kommunikativer Kompetenz als vorrangige Professionalisierungsstrategie verstanden, etwa insofern ein adäquater Führungsstil sowie Kollegialität und Netzwerkarbeit anzustreben seien und Kommunikations- und Teamfähigkeit sowie Organisationstalent als »unerlässliche Voraussetzungen« dargestellt werden (Jütte 2008).

Die Untersuchung von Kehm im »HOPRO-Projekt« hat ebenfalls gezeigt, dass sich die von den Hochschulprofessionellen geforderten Kompetenzen wesentlich auf die Soft-Skills beziehen, nämlich: »Verantwortungsbewusstsein für die häufig eigenständige Arbeit und Kommunikationskompetenz für die Kooperation mit den verschiedenen Statusgruppen« (Kehm 2010, 34).

Gemäß den Ergebnissen der Befragung zum Fakultätsmanagement, die von Fedrowitz, Leichsenring und von Stuckrad am CHE durchgeführt haben, sind »Menschen, die in komplexen oder unstrukturierten Situationen verantwortungsbewusst handeln müssen und dabei mit (vielen) verschiedenen Personengruppen mit unterschiedlichen Interessen umgehen« typisch für den Tätigkeitsbereich (2014, 61). Allerdings steht das systematische Vorhandensein dieser Eigenschaften eher für eine »Professionalisierung im alltagssprachlichen Sinne« (ebd.), wenngleich bezogen auf das individuelle Handeln der zunehmend »normaler« werdenden Fakultätsmanager durchaus »neue Professionsidentitäten der Wissenschaftler(innen)« identifiziert werden können (ebd. 79 f.).

Weiterführend liegt die Vermutung nahe, dass über das fachliche Anforderungsprofil hinausreichende Soft-Skills, wie z.B. Kommunikations- und Verhandlungsfähigkeit, eher weniger in Ausschreibungen erwähnt werden und auch nur bedingt über klassische Bewerbungsverfahren abgeprüft werden können. Zudem stellen sie eine Herausforderung für den Professionalisierungsaspekt der Ausbildung formalisierter Karrierewege dar, da sie kaum über formale, fachbezogene Bildung, sondern eher über »Training on the Job« erlangt werden können. Als Wesensmerkmale sind sie ohnehin größtenteils abhängig von grundlegenderen (persönlichen bzw. charakterlichen) Voraussetzungen der im Hochschul- und Wissenschaftsmanagement tätigen Individuen. Wohl ist das auch ein Grund dafür, dass Wissenschaftsmanager überwiegend Quereinsteiger sind und die Ausbildungswege dementsprechend eher im Bereich der tertiären Bildung liegen. Deshalb sollte etwa bei der Gestaltung von Weiterbildungsveranstaltungen der Aspekt der Differenzierung verschiedener Handlungs- und Kompetenzebenen verstärkt Berücksichtigung finden. Beispielsweise könnte, einem Vorschlag von Jenert und Brahm folgend, hierbei die individuelle, curriculare und strategische Handlungsebene unterschieden werden und andere querliegende Rollen und Handlungsebenen in die Ausbildung integriert werden (Jenert/Brahm 2010, 235 f.). Dasselbe gilt für die ausgewogene und bedarfsgerechte Schulung von Fach- und Sozialkompetenzen. Denn gerade im Gegensatz zur rein verwaltenden Tätigkeit zeichnet sich das Wissenschaftsmanagement eben nicht nur durch die hauptsächliche Befolgung vorgegebener Regeln aus, sondern eröffnet den handelnden Personen gewisse Autonomiespielräume (Klug 2010, 88), die diese durch geschickte Kommunikationsstrategien für die Entwicklung neuer Konzepte und für die produktive Gestaltung von Wandlungsprozessen der Wissenschaftslandschaft nutzen können (Nickel/Ziegele 2010; Whitchurch 2006). Jedoch ist auch hier, wie bereits im Rahmen der

Darstellung des Professionalisierungsdiskurses, zwischen Management und »Rule-Setting« oder »Rule-Creation« zu unterscheiden, welche den qua Hierarchie dienstrechtlich übergeordneten Stellen und kollektiven Entscheidungsverfahren vorbehalten sind.

Allgemein gesprochen ist für die genannten Bereiche die Begleitung permanenter Aushandlungsprozesse typisch, insofern von den involvierten Wissenschaftsmanagern ständig zwischen den unterschiedlichen Disziplinen zu vermitteln und Schnittstellenarbeit zu leisten ist, wofür auf eine Vielzahl sozialer Kompetenzen zurückgegriffen werden muss. Denn jene von Whitchurch als »In-between-ness« bezeichnete Grundkonstellation des Tätigkeitsfeldes verlangt die Fähigkeit, multiple Identitäten annehmen und Spannungen zwischen verschiedenen (Status-)Gruppen abbauen zu können (Whitchurch 2010, 12). Insofern könnte das Tätigkeitsfeld insgesamt als eher relational denn als strukturgebend bezeichnet werden.

In der unerlässlichen Fähigkeit, einerseits den (akademischen) Betrieb zu verstehen, und in der »Fähigkeit, sich auf unterschiedliche disziplinäre Kulturen einlassen zu können« (Jenert/Brahm 2010, 140) andererseits, liegt die große Übersetzungsleistung, die sich auch im konkret sprachlichen Sinne auf die Vermittlung zwischen akademischem Jargon, administrativer Logik und politischen Fragestellungen bezieht. In Anlehnung an den Kulturtheoretiker Homi Bhaba wird deshalb in der Professionalisierungsliteratur auch gerne von der immensen Bedeutung »kultureller Translation« im Bereich des Wissenschafts- und Hochschulmanagements gesprochen (Bhaba 1990, 211).

Besonderes Gewicht kommt, die Ausführungen zu den spezifischen Kompetenzen im Professionalisierungsprozess resümierend, also der Frage zu, welche Fähigkeiten und Fertigkeiten bedürfen die Personen, um professionell in ihrem Feld agieren zu können? Welche Kompetenzen und Qualifikationen werden vorausgesetzt? Welches Qualifikationsprofil bzw. welche Persönlichkeitsstruktur bringen die Bewerber mit? Durch welche Merkmale ist das umschriebene Arbeitsfeld gekennzeichnet? Was macht den Kern des Tätigkeitsprofils aus? Welche Spezifika sind prägend? (In enger Anlehnung an Urban/Meister 2010, 105 formuliert, die diese Fragen allerdings für die Hochschuldidaktik aufwerfen). Diesen Fragen soll im nächsten Kapitel nun anhand des umfangreichen empirischen Materials mit der Stellenmarkt-Analyse nachgegangen werden.

5. Analyse des Stellenmarktes von 2004 bis 2013

Im folgenden Kapitel wird nun die Professionalisierungsthese anhand von umfangreichem Quellenmaterial überprüft. Bevor dies jedoch ausführlich im Rahmen einer quantitativen und qualitativen Inhaltsanalyse des Stelleninformationsdienstes *Arbeitsmarkt Bildung – Kultur – Sozialwesen* für zehn Jahrgänge (2004 bis 2013) vorgenommen wird, soll ein Überblick zu den wenigen vergleichbaren Vorläuferforschungsarbeiten gegeben werden und im darauffolgenden Abschnitt ebenfalls noch die Quellengrundlage sowie die verwendete Methodik der Stellenmarktanalyse expliziert werden.

5.1 Zum Forschungsstand

Aus den recht konträren Ergebnissen der wenigen Forschungen zur Entwicklung des Stellenmarktes im Hochschul- und Wissenschaftsbereich lässt sich insgesamt betrachtet ableiten, dass eine empirisch fundierte Professionalisierungsforschung gerade erst im Entstehen begriffen ist. Bei weitem herrscht kein Forschungskonsens. Auch aus diesem Grund erhebt die vorliegende Arbeit den Anspruch, einen wesentlichen Beitrag zur Prüfung der Professionalisierungsthese und zur allgemeinen Forschungsdebatte hierüber zu leisten.

Die bereits im Zusammenhang mit der Darstellung des Professionalisierungsdiskurses erwähnte, im Jahr 2010 von Blümel, Kloke und Krücken publizierte Studie zur Entwicklung des Berufsfeldes »administratives Hochschulmanagement« (Krücken/Blümel/Kloke 2010) stellt fest, dass die Anzahl der Beschäftigten in diesem Feld im Untersuchungszeitraum von 1994 bis 2004 nahezu gleich geblieben ist, wobei jedoch interne Umschichtungsprozesse zu beobachten seien. In einem weiteren Artikel konstatieren die genannten Autoren – gegen die allgemein vorherrschende Grundannahme einer Expansion des Tätigkeitsfeldes gerichtet –, »dass die auf durchaus nachvollziehbaren Alltagsevidenzen basierende Annahme einer Ausdehnung des nichtwissenschaftlichen Personals zu Lasten der Wissenschaftler an deutschen Hochschulen einer systematischen empirischen Überprüfung nicht standhält« (Blümel/Kloke/Krücken/Netz 2010, 168). Dieses Resultat ist insofern bemerkenswert, da Ergebnisse für den internationalen Bereich in eine andere Richtung weisen. Sie sprechen von einer spürbaren Zunahme (z.B. Gornitzka/Marheim Larsen 2004). Auch legt Barbara Kehm auf der Basis ihrer Forschungen zu den sogenannten »Hochschulprofessionellen« dar, dass »die Hochschulprofessionen in den letzten Jahren sehr stark in der Zahl der Positionen und in der Bedeutung für die Gestaltung der Hochschulen zugenommen haben« (Kehm et al. 2008, 199).

Blümel und Kollegen hingegen sehen, wie bereits mit dem einleitenden Zitat belegt, keinen großen quantitativen Wandel (vgl. Klug 2010, 86), sondern vertreten die These von einem eher qualitativen Wandel im Bereich des mittleren bis gehobenen Managements. Diesen machen sie in ihrem makrosoziologisch argumentierenden Ansatz daran fest, dass bestimmte Themen wie beispielsweise Qualitätssicherung entsprechend einer übergeordneten, gesamtgesellschaftlichen Tendenz zur Implementierung des Management-Paradigmas inzwischen insgesamt eine größere Rolle spielen würden. Wesentlich häufiger träten deshalb Controllingpositionen auf, als dies in der noch stärker vom Verwaltungsdenken durchzogenen Hochschule klassischer Prägung der Fall gewesen sei. Sie konstatieren deshalb mit Blick auf den Entwicklungsstatus des nichtwissenschaftlichen Personals deutscher Hochschulen, es habe eine Restrukturierung anstelle einer Expansion stattgefunden (Blümel/Kloke/Krücken/Netz 2010). Entsprechend einer auch von anderen Autoren vertretenen These führe die steigende Eigenverantwortung im Hochschul- und Wissenschaftsbereich zur notwendigen Neuorganisation der Prozesse. Im hochschulischen Bereich sei dieser Trend wesentlich auf die Qualitätssicherungserfordernisse des Bologna-Prozesses zurückzuführen. Die dort gemachten Vorgaben führten zur »Allokation eines Expertentums«, z.B. im Bereich der Studienorganisation, das »auf der Trennlinie zwischen Akademie und Administration« (Moes/Stender 2010, 719) angesiedelt ist (auch Zellweger Moser/Bachmann 2010). Außer dem Qualitätsmanagement wird insbesondere das Forschungsmanagement als aktuelles Wachstumsgebiet identifiziert. Im Management außeruniversitärer Einrichtungen könne man überdies noch das Projekt- und Wissensmanagement zu den Wachstumsbereichen zählen, was auch im internationalen Vergleich sichtbar werde (Nickel/Ziegele 2010).

Neben den beiden zur Einleitung exemplarisch angeführten Studien gibt es einige weitere, die sich – gleichwohl selektiver – mit der Rolle und dem Funktionswandel von bestimmten Stellenprofilen befassen: »Forschungsreferent/innen« (Adamczak et al. 2007), »Fachbereichsmanager/innen« und »Dekan/inn/en« (Nickel 2004; Schultz 2006; Leichsenring 2009; Klug 2010), »Hochschulkanzler/inne/n« (Krücken

2009; Blümel et al. 2010) oder »Hochschul-« und »Fachbereichsleitungen« (Nickel/Ziegele 2006; Becker/Thadsen/Wild/Stegmüller 2013) stehen im Fokus dieser Arbeiten. Sie können erste Indizien zur Beantwortung der aufgeworfenen Fragen liefern. Doch sollte angemerkt werden, dass Untersuchungen, die den gesamten Wissenschaftsbereich, also den universitären und den außeruniversitären, gleichermaßen berücksichtigen, gerade auch wenn man sich die soeben genannte Liste nochmals genauer vergegenwärtigt, bislang kaum angestellt worden sind. Auch zur Behebung dieses Forschungsdesiderates möchte die vorliegende explorative Studie einen Beitrag leisten, indem sie Geschäftsführungsstellen im gesamten Wissenschaftsbereich – innerhalb und außerhalb von Hochschulen – untersucht.

Joerk sieht in ihrer Studie zum Wissenschaftsmanagement im außeruniversitären Bereich, um zunächst eines der beiden genannten Felder aufzugreifen, die Aufgaben der dort Tätigen vor allem in der Vor- und Aufbereitung externer und interner Evaluationen (Joerk 2009). Weitere Kernaufgaben der von ihr vorrangig untersuchten persönlichen Referent/inn/en sind Gremienbetreuung, Assistenz im Alltagsgeschäft und die Funktion als zentrale Ansprechperson. Auch zeigt sich das Charakteristikum, dass die Positionen sich oft nicht eindeutig zu Verwaltung oder Forschung zuordnen lassen, da sie häufig Anteile von beiden aufzuweisen haben.

Moes und Stender schließen gar von der Praxis der Stellenbesetzung auf das Vorhandensein eines »Third Space«, insofern ein hoher Anteil von Quereinsteigern anzutreffen sei, die besonders gut zwischen den Sphären von Akademie und Verwaltung hin und her wechseln könnten. Im Kontext ihrer Forschungen machen sie zudem auf eine eher inkrementelle als systematische Entwicklung, vor allem auf Seiten der Hochschulverwaltung, aufmerksam (Moes/Stender 2010). Viele neu Eingestellte müssten sich, wie auch Nickel und Ziegele betonen, ein Verständnis ihres Tätigkeitsprofils erst erarbeiten (Nickel/Ziegele 2010). Diese organisatorischen Rahmenbedingungen und die zahlreichen Quereinsteiger (Nickel 2013) erschweren aber, so eine professionalisierungsskeptische Sichtweise, die Herausbildung klarer Rollenbilder. Überdies sind Frauen überproportional vertreten (Merkator/Schneijderberg 2011a). Vielmehr ergeben sich die konkreten Rollen der Akteure erst in der konkreten Interaktion in einem komplexen wechselseitigen Aushandlungsprozess. Dies zeigt sich auch darin, dass systematische Karrierewege fehlen (Krohn 2010), was jedoch weniger auf die außeruniversitäre Forschung zutrifft als dies vermehrt im Hochschulbereich verbreitet ist. Blümel und Kollegen sprechen hier von einer Entwicklung, die »weniger auf die Etablierung einer gemeinsamen, kohärenten Gruppe von Hochschulmanagern, sondern eher auf die Verdichtung funktionsbereichsspezifischer Expertengruppen hinausläuft« (Blümel/Kloke/Krücken 2010, 121).

Hingewiesen wird in der Forschung fernerhin auf den Experimentalcharakter neuer Stellen, was sich auch darauf auswirke, dass ihre dauerhafte Notwendigkeit und ihre Ausgestaltung qua Umfang und Arbeitsaufwand noch nicht sicher veranschlagt werden könnten (Moes/Stender 2010, 77). Dies gelte insbesondere für die Einführung von expliziten Geschäftsführungspositionen im Fakultätsmanagement (Fedrowitz/Leichsenring/Struckrad 2014), da diese nicht in den Strukturen der akademischen Selbstverwaltung vorgesehen sind, sich aber stets mehr als die Normalität erweisen. Im Feld der Fakultäten, um ein weiteres Spezifikum dieser Profilgruppe anzuführen, kommt der akademischen Vorbildung im Bereich des jeweiligen Faches eine besondere Bedeutung zu (Moes/Stender 2010, 72). Vorbedingung für die Stellenvergabe sei vorrangig der »Stallgeruch«, weniger die Qualifikation zur Umsetzung von Managementaufgaben oder Erfahrungen im administrativen Kontext. Es wird vor allem auch darauf hingewiesen, dass die Positionen oftmals als Zwischenstation oder Umweg auf der klassischen akademischen Karriereleiter zur Professur dienen, was sich etwa an weiterhin aufrecht erhaltenen Lehrdeputaten oder der häufig eingeräumten Möglichkeit zur eigenständigen wissenschaftlichen Weiterqualifizierung erkennen lasse.

Insofern stellt sich stets auch die Frage der Zuordnung dieser Stellen zum akademischen oder nichtakademischen Bereich (Klug 2010, 187). Nickel und Ziegele ordnen sie, wie bereits im Kapitel zum Professionalisierungsdiskurs erwähnt, entgegen der weit verbreiteten Theorie vom »dritten Raum« dem akademischen Bereich zu (Nickel/Ziegele 2010, 12). Blümel und seine Kollegen hingegen grenzen in ihrer Studie diese Stellen gerade vom wissenschaftlichen Personal ab, indem sie eine Zuordnung zum administrativ-technischen Bereich vornehmen. Beide Sichtweisen lassen sich begründen.

Auf die dargelegte Ambiguität der »Sphären«-Zuordnung reagierend soll an dieser Stelle nochmals ausdrücklich auf die besondere heuristische Qualität des im Zentrum der Analyse stehenden Geschäftsführungsbegriffs verwiesen werden. Dieser erlaubt eine gleichzeitige Verortung sowohl im akademischen wie im administrativen Bereich. Insofern wird mit der Verwendung des Geschäftsführungsbegriffs im Rahmen dieser Studie auch folgerichtig nicht die Idee eines »Third Space« vertreten, sondern ein flexibles, je nach Tätigkeitsmerkmal zwischen den beiden Bereichen changierendes bzw. vermittelndes Verständnis der ambiguen wissenschaftsadministrativen Positionen bevorzugt. Denn der Geschäftsführungsbegriff zeichnet sich insbesondere durch seine hohe Elastizität und Integrationsfähigkeit aus. Gerade in dieser »Doppelwertigkeit« besteht seine Stärke, die im Sinne einer positiven Ambivalenz produktiv gemacht werden kann. Dies liegt auch insofern nahe, weil Stellen im Hochschul- und Wissenschaftsmanagement sich entgegen eines traditionell etablierten Dualismus: »Akademie-Administration« auf zwei weitere, eng damit interferierende Hierarchieebenen erstrecken: Die fachlich-inhaltliche Hochschulleitung mit Aufgaben der akademischen Geschäftsführung einerseits, die Hochschulverwaltung – oder neuerdings: das akademische Management – mit Budgetverantwortung andererseits. Äquivalent hierzu verhält es sich mit der wissenschaftlichen Direktion oder Leitung, etwa eines Forschungsinstituts, einerseits und mit der administrativen Geschäftsführung und dem Wissenschaftssupport im außeruniversitären Feld andererseits. Wissenschaftliche Geschäftsführung deckt beide Aspekte ab.

Ein wesentliches biographisches Motiv zur Stellenwahl wird, um nach diesen generelleren Überlegungen zur Verortung der Positionen noch weitere interessante Erkenntnisse der einschlägigen Studien zu präsentieren, in den Forschungen darin erkannt, dass eine hohe Affinität zum Bildungs- und Wissenschaftsbereich vorhanden sei (Klumpp/Teichler 2008), wobei einhellig die Befristung der Arbeitsverhältnisse als ein wesentliches Problem gesehen wird (Banscherus et al. 2009; Nickel/Ziegele 2010). Teilweise kritisch beäugt wird zudem die Frage nach der Verlagerung von Ressourcen in den Bereich des Wissenschaftssupports, worauf Blümel und Krücken die beschäftigungsfeldinterne Umschichtungsthese entgegnet haben. Die Verlagerung der Ressourcen weg vom akademischen Bereich sei auch insofern problematisch, wird andererseits expliziert, da nach wie vor in der traditionell männlich geprägten Wissenschaftswelt das Selbstverständnis einer »bedingungslosen Hingabe« (Strohschneider 2010) vorherrsche und supportive Tätigkeiten als zweitrangig und als Abkehr vom »Königsweg« zur Professur angesehen würden. Insofern hafte den Inhabern dieser Stellen schnell das Verdikt der mangelnden fachlichen Exzellenz und fehlenden Leistungsbereitschaft an (Krohn 2010). Gelegentlich wird seitens elitär argumentierender Vertreter der akademischen Selbstorganisation sogar auf eine dadurch geförderte »drohende Entprofessionalisierung der akademischen Profession« verwiesen (Schimank 2005). Dem stellt Krohn die Attraktivität des Bereichs gegenüber, die er in den »größeren Möglichkeiten, die kreativen Problemlösungen auch jenseits der klassischen Wissenschaft mit etwas wirklich Neuem zu verbinden«, sieht (Krohn 2010, 65).

Wer sind aber nun die Inhaber dieser in der Forschung umstrittenen Stellen? Auf diesen Aspekt geht das von Barbara Kehm geleitere und vom BMBF geförderte Projekt »Die Rolle der neuen Hochschulprofessionen für die Neugestaltung von Lehre und Studium (HOPRO)« ausführlich ein (Kehm 2010, 31-36). So sind Tätige in diesem Bereich laut einer Befragung zu 60 Prozent weiblich, haben ein durchschnittliches Alter von 45 Jahren und verfügen zu 95 Prozent über die deutsche Staatsangehörigkeit. Die Ausübung einer bestimmten Fachrichtung spielt hierbei eine eher untergeordnete Rolle. Von besonderer Bedeutung ist jedoch die universitäre Ausbildung. Als Kompetenzen, die in hohem Maß gefordert sind, wurden von den Respondenten Kommunikationsstärke und Verantwortungsbewusstsein genannt. Ein Viertel der Befragten gab an, eine leitende oder geschäftsführende Position zu begleiten, was sich auch in einer überwiegenden Besoldung gemäß TVöD bzw. TV-L 13 widerspiegelt.

Der Umfang der Stellen ist zu 70 Prozent Vollzeit, wobei 55 Prozent der Befragten eine unbefristete Stelle, mithin also 45 Prozent eine befristete Stelle innehaben. Im Rahmen der vom BMBF geförderten Studie wurden über 500 verschiedene Stellenbezeichnungen angegeben, was auf einen geringen Vereinheitlichungsstand und – davon abgeleitet – auf einen geringen Stand der Professionsbildung insgesamt hindeutet. 32 Prozent der Stellen sind auf der Ebene von Fachbereich oder Fakultät angesiedelt. Insofern die meisten Befragten angeben, erst seit einer Zeitspanne von fünf Jahren in ihrem jetzigen Bereich beschäftigt zu sein, ist auch verständlich, dass mit ihrer Position häufig neue Tätigkeitsfelder geschaffen wurden. So pointiert Kehm die Ergebnisse derart, dass die Tätigkeitsfelder der sogenannten »Hochschulprofessionellen« »insbesondere in den letzten Jahren einen quantitativen Anstieg oder zumindest eine funktionelle Differenzierung durchlaufen haben« (Kehm 2010, 32).

Bei den Aufgabenbereichen, die über die Dienstbezeichnungen ermittelt wurden, rangieren an erster Stelle mit 105 der 504 Nennungen und insgesamt 21 Prozent die Beschäftigten in der Studienberatung und im Studienservice. Gleich danach an zweiter und dritter Stelle finden sich »Fachbereichsreferent/innen/-management/-leitung/-geschäftsführung/-assistenz« mit 85 Rückmeldungen und 17 Prozent sowie »Leitung/Geschäftsführung (außer Fachbereich)« mit 43 Nennungen und 9 Prozent.

Der Stellenbezeichnung »Geschäftsführung« wird in der Auswertung Kehms ein eigenständiger Punkt unter den 18 ermittelten Haupttätigkeiten der Befragten zugewiesen. Mit 48 Nennungen und 7,9 Prozent der Gesamttätigkeiten ist jedoch ein vergleichsweise eher geringer Anteil zu verzeichnen. Von den Befragten gab bezüglich ihrer Tätigkeit weiterhin etwa ein Viertel an, »Beratungs-, Betreuungs-, Unterstützungs-, und Informationstätigkeiten durchzuführen; 19 % der Befragten übernehmen Leitungsaufgaben; weitere 17 % Koordinations-, Organisations- und Managementaufgaben« (Kehm 2010, 33).

Für die hier vorzunehmende Analyse der Stellenanzeigen ist von besonderem Interesse, dass sich laut der zitierten Studie die vertraglich festgelegten Aufgaben nur sehr wenig von der realen beruflichen Situation unterscheiden. Lediglich der mit 9 Prozent Vertragszeit angegebene Anteil an Forschung schlägt in der über die Befragung abgebildeten Realität mit 2,5 Prozent geringer durch, was von den Befragten aber nicht als negativ empfunden werde. So hat sich die Mehrheit der Respondenten (65 Prozent) auch bewusst für diesen Bereich entschieden. Außerdem zeigt sich, dass sich die in der Position vermuteten Gestaltungsfreiräume für eigenverantwortliches Handeln positiv auf die Stellenwahl auswirken, wie auch die Möglichkeit, die Strategie der eigenen Organisation entscheidend mit zu entwickeln. »Zur Arbeitssituation der HOPROs gefragt, äußern sie, dass sie an Schnittstellen arbeiten, multifunktional tätig sind, neue Tätigkeitsfelder gestalten, Troubleshooter sind und oft sofort einspringen, wo unmittelbarer Bedarf entsteht. Nur teilweise stimmen sie der Aussage zu, dass Hochschulprofessionelle Routinetätigkeiten ausführen. Vielmehr helfen sie mit ihrer Funktion, Arbeitsabläufe effektiv, transparent, effizient und einfacher zu gestalten« (Kehm 2010, 34).

Die Kommunikationskompetenz, um die persönlichen Kompetenzprofile näher zu beleuchten, spiegelt sich auch in der Vielzahl der Personengruppen, mit denen Kontakt besteht. In Selbstreflexion der eigenen Tätigkeit und befragt zur eigenen beruflichen Identität (Zellweger Moser/Bachmann 2010, 2) sehen sich die Studienteilnehmer vor allem als »DienstleisterInnen und weniger als Verursacher neuer Pflichten und Kontrollen. Die Befragten sehen sich als Hochschulprofessionelle und Experten, teilweise als Generalisten, aber kaum noch als Wissenschaftler« (Kehm 2010, 34).

Aufschlussreich für die Vorbereitung der Stellenmarktanalyse sind ebenfalls die auf verschiedenen Quellen basierenden und bereits mehrfach erwähnten Studien von Blümel und Kollegen (Krücken/Blümel/Kloke 2010; Blümel/Kloke/Krücken/Netz 2010; Krücken/Blümel/Kloke

2009). Im Rahmen eines auf drei Jahre angelegten, umfangeichen Forschungsprojektes am Forschungsinstitut für öffentliche Verwaltung (FÖV) der Deutschen Hochschule (nunmehr: Universität) für Verwaltung Speyer (DHV/DUV) wurde eine deutschlandweite Fragebogenerhebung von 153 Kanzler/innen sowie von 492 leitenden Mitarbeiter/innen durchgeführt, ergänzt durch 27 Leitfadeninterviews von Beschäftigten im administrativen Hochschulmanagement. Das Korpus der herangezogenen Stellenanzeigen beschränkte sich jedoch auf die Inhaltsanalyse der Annoncen in der Wochenzeitung *DIE ZEIT* zwischen 1996 und 2007, womit die vorliegende Untersuchung den Anspruch auf einen wesentlich höheren Grad an Repräsentativität erheben kann (s. die Ausführungen zur Quellenbasis in Kapitel 5.2).

Bemerkenswert an den Ergebnissen ist insbesondere der quantitative Anstieg der Ausschreibungen in der *ZEIT*, der für den Bereich des administrativen Hochschulmanagements festgestellt wird: »Während im Jahr 2003 73 Stellenanzeigen zu verzeichnen sind, waren es im Jahr 2006 mit 152 mehr als doppelt so viele. Nicht zuletzt die Etablierung der eigenen Sparte im Anzeigenteil von ›Die Zeit‹ weist auf eine zumindest im quantitativen Sinne gestiegene Bedeutung dieser Tätigkeitsfelder hin« (Krücken/Blümel/Kloke 2010, 4 f.).

In einer weiteren Auswertung des Materials wird zum Wachstum festgestellt, dieses habe »vor allem beim akademischen Personal der Hochschulen stattgefunden, welches zwischen 1994 und 2004 um ca. 11 % gestiegen ist (dies entspricht 18.281 neuen Stellen in Vollzeitäquivalenten). Das nichtakademische Personal ist hingegen nur um 1 % gestiegen (dies entspricht 1.104 Stellen in Vollzeitäquivalenten, was insgesamt zu einer marginalen Abnahme des Anteils des nichtakademischen Personals geführt hat« (Blümel/Krücken/Kloke 2010, 115). Jedoch könne aus der Analyse der Personaldaten des HIS-ICE-Datenbanksystems nachvollzogen werden, dass die Entwicklung des nichtakademischen Personals an deutschen Hochschulen seit 1994 »weniger durch einen quantitativen als vielmehr durch einen qualitativen Wandel in Hinblick auf Status und Qualifikation des nicht-akademischen Personals an deutschen Hochschulen charakterisiert« sei (Blümel/Krücken/Kloke 2010, 115). Nämlich indem »eine Abnahme des mittleren Dienstes um -7 % und einen deutlichen Anstieg im Bereich des höheren Dienstes um +23,9 % und +10,5 % im Segment des gehobenen Dienstes« konstatiert werden könne (ebd. und ausführlicher noch in Krücken/Blümel/Knoke 2009, 15-21).

Was bedeuten die empirischen Befunde der hier präsentierten, wenigen Vorreiterforschungen nun aber für die im Fokus der explorativen Studie stehenden Geschäftsführungspositionen im Wissenschaftsbereich konkret? Welche These, die Ausweitung oder die Umschichtung, lässt sich aus dem empirischen Material vorliegender Forschungsarbeit erhärten? Lassen sich Anzeichen für einen Wandel, für eine Expansion oder für Umstrukturierungen finden? Sind die zu beobachtenden Veränderungen eher quantitativer oder eher qualitativer Natur? Gehen eventuell auch quantitative und qualitative Aspekte miteinander einher? Oder hat gar nur eine semantische Veränderung der Stellenbezeichnungen stattgefunden und ist ansonsten alles beim Alten geblieben? Welche Auswirkungen haben Phänomene wie die Exzellenzinitiative, der Bologna-Prozess oder andere externe Faktoren für die Entwicklung des Arbeitsmarktes für Geschäftsführungspositionen im Wissenschaftsbereich?

Diese Fragen sollen nun anhand des empirischen Materials detaillierter erörtert werden, wobei dies für verschiedene Stellenprofilgruppen vorgenommen wird, um dadurch weitere Erkenntnisse über die Binnendifferenzierung des Arbeitsmarktes zu erlangen. Vorab ist aber, wie bereits angekündigt, noch die Quellengrundlage und die verwendete Methodik zu erläutern.

5.2 Zur Gestalt des empirischen Materials und zur verwendeten Methode der quantitativen und qualitativen Inhaltsanalyse

Quelle der umfassenden Stellenmarktexploration, die mit der Methode der quantitativen und qualitativen Inhaltsanalyse (Früh 1998; Rössler 2005) durchgeführt wurde, sind zehn Jahrgänge des Informationsdienstes *Arbeitsmarkt Bildung – Kultur – Sozialwesen* (von 2004 bis 2013), die wöchentlich vom Wissenschaftsladen Bonn e.V. in Heftform herausgegeben werden.

Die in den 1970er Jahren in den Niederlanden aufgekommene Wissenschaftsladenbewegung hatte sich im Nachgang des Aufbruchs der 1968er Jahre zum Ziel gesetzt, eine Brücke zwischen Wissenschaft und Bürgern zu schlagen (vgl. hierzu und für das Nachfolgende zum Wissenschaftsladen/WILA: www.wilabonn.de). Im Jahr 1984 gründete sich in dieser Tradition der Bonner Wissenschaftsladen, um sich neben den Schwerpunktbereichen »Bürgergesellschaft & Nachhaltigkeit« und »Gesundheit & Verbraucherschutz« intensiv dem Thema »Arbeitsmarkt und Ausbildung« zu widmen. Diesem historischen Kontext entstammend tut sich der Wissenschaftsladen, der mittlerweile zum »größten Science-Shop Europas« herangewachsen ist, nun seit über 15 Jahren damit hervor, dass er umfassend Berufsfelder und die Entwicklung des bundesweiten Arbeitsmarktes (inklusive der DACH-Länder) im Wissenschaftsbereich dokumentiert und analysiert. Die systematisierten Ergebnisse der Recherchen werden wöchentlich in einem übersichtlichen Layout publiziert. Der Informationsdienst besticht insbesondere dadurch, dass er infolge seines kategorisierenden Aufbaus erlaubt, zuverlässige Aussagen über Qualifizierungsprofile oder das Abschlussniveau der Vakanzen zu treffen. Des weiteren weist er Differenzierungen nach Tätigkeits- und Arbeitsmarktsegmenten auf und ermöglicht infolge des langfristigen Vorhandenseins Aussagen zu historischen Trendentwicklungen. Konkret betrachtet weisen die in acht Tätigkeitsbereiche untergliederten wöchentlichen Auswertungen, die in jeder Printausgabe durch Analysen und Praxistipps von Experten ergänzt werden, folgende Rubriken auf, die bei jeder gelisteten Vakanz des Untersuchungszeitraums die selbe Struktur haben und insofern eine gute Vergleichbarkeit über die Jahre hinweg erlauben: 1) Postleitzahl; 2) Stellenbezeichnung; 3) Berufs- bzw. Ausbildungsabschluss; 4) Arbeitgeber/Bewerbungsadresse; 5) Aufgaben- und Einsatzfelder; 6) Kenntnisse und Fähigkeiten/Berufserfahrung/Alter; 7) Gehalt/Beschäftigungsverhältnis; 7) Stellenantritt; 8) Bewerbungsfrist; 9) Quelle. Dieses über alle Hefte hinweg anzutreffende, standardisierte Raster ermöglicht eine gezielte Recherche auch innerhalb der einzelnen Rubriken und präzise Aussagen etwa genauso zum inhaltlichen und persönlichen Anforderungsprofil wie zur Bezahlung, Befristungsdauer oder Häufigkeit bestimmter Stellenbezeichnungen im Zeitreihenvergleich. Insbesondere über die Rubrik 6 mit dem wichtigen Punkt der Berufserfahrung ergibt sich auch die Möglichkeit Beobachtungen zur Professionalisierung anzustellen.

In den Informationsdienst gehen Stand Dezember 2013 (Heft 52 2013)[6] über 130 Medien und weitere Internetstellenportale und Online-Quellen ein sowie individuelle Ausschreibungen, die direkt an den WILA weitergegeben und dort veröffentlicht werden können. 83 Tages- und Wochenzeitschriften von der regionalen *Aachener Zeitung* über die *Kieler Nachrichten* bis zu den für den wissenschaftlichen Stellenmarkt besonders bedeutsamen überregionalen Tages- und Wochenzeit-

6 Die Belegung der Fundstellen bzw. Zitate erfolgt durch die Angabe von Heftnummer und Erscheinungsjahrgang gemäß dem Muster »(Heft 1 2004)«. Eine zusätzliche Angabe der Seitenzahlen ist leider nicht möglich, da diese Information der in MS-Access eingepflegten Archivdatenbank des Wissenschaftsladens nicht entnommen werden kann. Auf die zusätzliche Angabe der Rubrik wurde aus Gründen der besseren Lesbarkeit des Textes verzichtet.

schriften, wie die *Frankfurter Allgemeine Zeitung* oder *DIE ZEIT*, bilden den Grundstock der wöchentlichen Auswertung. Genauso werden in jedem Heft drei österreichische Zeitungen und vier aus der Schweiz ausgewertet, um das deutschsprachige Ausland mit einzubeziehen, worauf jedoch im Rahmen der vorliegenden Untersuchung des bundesrepublikanischen akademisch-administrativen Stellenmarktes nicht zurückgegriffen wurde. 30 Fachzeitschriften inklusive der einschlägigen Medien *Forschung & Lehre* und der *Deutschen Universitätszeitung* (*DUZ*) ergänzen »die umfassende Auswertung, die sonst keine andere Institution für den deutschen Arbeitsmarkt hat« (Broschüre »Wissenschaftsladen Bonn« ohne Jahresanagabe, 3).

Im Rahmen eines ausführlichen Pretests, bei dem 30 Printfassungen (Heft 11 2013 bis Heft 40 2013) unter dem Aspekt einer ersten Kategorisierung ausgewertet wurden, ergab sich als Resultat, dass der *Arbeitsmarkt* eine sehr gute, mithin umfassende empirische Basis mit dem Anspruch auf hohe statistische und inhaltliche Relevanz für die Erforschung des aufgrund verschiedener Anzeichen (s.o. Kapitel 4) vermuteten Professionalisierungsprozesses im Gebiet wissenschaftlicher Geschäftsführung darstellt. Auf Grundlage des Pretests konnten Suchbegriffe und Hinweise auf einschlägige Stellenbezeichnungen gewonnen werden. Ebenfalls wurde ersichtlich, dass bei einer Ausweitung der Recherche auf insgesamt zehn Jahrgänge mit einer ausreichenden Menge an Positionen mit Geschäftsführungsaufgaben zu rechnen ist. Zudem konnte festgestellt werden, dass nicht nur qua Stellenbeschreibung unmittelbar einsichtige Positionen wie »Geschäftsführer«, »Akademie-Geschäftsführer«, »Akademischer Geschäftsführer«, »Referent der Geschäftsführung« etc. von Interesse für die Analyse sind, sondern dass – gestützt auf eine erste Auswertung von Tätigkeitsmerkmalen der Ausschreibungstexte – weitere Vakanzen wie etwa Forschungskoordinations-, Verwaltungsleitungs- oder Direktionspositionen bei der Gesamtanalyse mit zu berücksichtigen sind. Denn auch sie weisen im Rahmen der Rubriken »Aufgaben- und Einsatzfelder« sowie »Kenntnisse und Fähigkeiten« (gemäß der weiter oben zum Abschluss des 3. Kapitels erarbeiteten Liste der Tätigkeitsbereiche) wesentliche Merkmale wissenschaftlicher Geschäftsführung auf.

Als genuines Zugriffskriterium wurde der »Geschäfts-Begriff« gewählt, ergänzt um weitere sekundäre Suchbegriffe wie »Koordination«, »Akademisch«, »Akademie«, »Verwaltung«, »Direktor« etc. Von vornherein ausgeschlossen wurden jedoch klassische Positionen der akademischen Selbstverwaltung bzw. des herkömmlichen Hochschulsystems, wie vor allem die Stellen von Kanzlern oder Rektoren, da diese nur sporadisch vom *Arbeitsmarkt* verzeichnet werden. Auch erlauben sie nur bedingte Aussagen zum Professionalisierungsdiskurs, insofern sie dem klassischen Wissenschaftswesen entstammen und häufig über anderweitige Rekrutierungsprozesse im Rahmen der akademischen Selbstverwaltung besetzt werden (vgl. hierzu Krücken/Blümel/Kloke 2009, 21-27).

Eine erste Vorbesprechung vor Ort in Bonn und weitere Abstimmungen mit Andreas Pallenberg von der Redaktion des Informationsdienstes boten die Möglichkeit, das empirische Material nicht durch äußerst zeitaufwändige händisch-visuelle Auswertung der 520 Printfassungen, sondern im Rahmen einer Datenbankrecherche strukturiert zu sichten und die zuvor entwickelten Zugriffskriterien in Form gefilterter Datenbankabfragen (unter Verwendung des Programms MS-Access) durchzuführen.

Aufgrund des Pretests konnte die Recherche auch insofern präzisiert werden, da nur auf drei der insgesamt acht in den Heften unterschiedenen Bereiche zugegriffen wurde: Erstens auf »Tätigkeitsbereich 4: Leitende Funktionen und Geschäftsführungen, Referenten und Beauftragte«, der qua inhaltlicher Fokussierung auf den Geschäftsführungsbegriff und infolge der Resultatanzahl des Pretests einschlägigsten Rubrik; zweitens auf »Tätigkeitsbereich 7: Wissenschaft, Hochschule, Forschung«, die ebenfalls von hohem Interesse ist, und »Tätigkeitsbereich 8: Weitere Stellen für Geistes- und Sozialwissenschaftler«, der im Rahmen des Pretest ebenfalls weitere Ergebnisse – insbesondere unter dem Aspekt des im Rahmen des Forschungsreferats erwähnten hohen Anteils von Quereinsteigern – erbrachte. Da die Datenbank-Auswertung bereits Mitte Dezember 2013 stattfand, wurden die drei bis Jahresende 2013 noch zusätzlich erschienenen Hefte 50 bis 52 des Jahrgangs 2013 anhand einer Auswertung der Printausgaben ergänzt.

Insgesamt konnte aufgrund der gewählten Vorgehensweise auf die beträchtliche Gesamtanzahl von 78.080 Stellenanzeigen aus dem zehnjährigen Zeitraum von 2004 bis 2013 zurückgegriffen werden. Aufgrund der zuvor getroffenen Einkreisung handelt es sich bei den Vakanzen um aussagekräftiges Datenmaterial. Und insofern manche Ausschreibungen mehr als eine Vakanz umfassen, kann sogar von einer Grundgesamtheit von über 80.000 Stellen ausgegangen werden.

Zum ersten Überblick erschien es angesichts der gewählten Fokussierung sinnvoll, statistische Aussagen darüber zu eruieren, welche quantitative Rolle dem Geschäftsbegriff im relativen Vergleich zur Grundgesamtheit zukommt. Gefiltert nach dem Suchbegriff »Geschäft« in der Rubrik »2) Stellenbeschreibung« ergab sich eine quantitative Zunahme im Zehnjahreszeitraum, insbesondere seit dem Jahr 2007, wobei das jüngste ausgewertete Jahr (2013) wieder ungefähr auf das Niveau des Jahres 2008 zurückgefallen ist. Der Anstieg nach dem Jahr 2007 kann zumindest zum Teil auf die Exzellenzinitiative zurückgeführt werden. Zwar handelt es sich bei den hier gelisteten Stellenbeschreibungen nicht nur um Geschäftsführungen im Wissenschaftsbereich, was bei der inhaltsorientierten, qualitativen Analyse der Vakanzen eine Bereinigung des Materials erforderlich gemacht hat. Doch lässt sich aufgrund dieser ersten, annähernden Aussagen zur quantitativen und qualitativen Entwicklung alles in allem ein Anwachsen der Gesamtstellenanzahl im Geschäftsführungsbereich belegen (vgl. Diagramm 1).

Diagramm 1: Häufigkeit »Geschäfts-Begriff« in Stellenbezeichnungen pro Jahr (2004–2013)

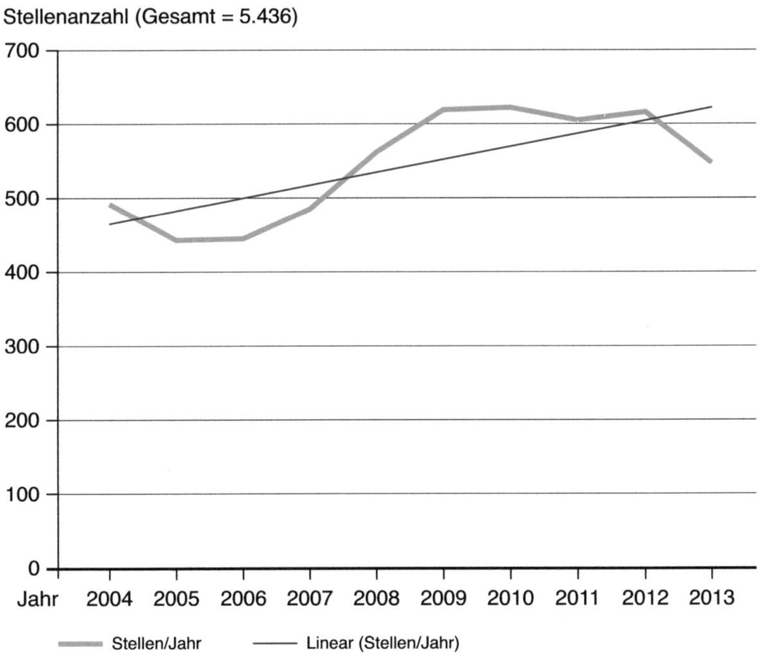

Wiesen also bei der Datenbankabfrage insgesamt 5.436 Vakanzen in der Rubrik »Stellenbezeichnung« den Geschäftsbegriff auf, so enthalten mit 7.638 Treffern etwa knapp 10 Prozent der Stellenbezeichnungen den Bestandteil »wissenschaftlich«. Hierunter fallen beispielsweise Stellenbezeichnungen wie »wissenschaftliche/r Mitarbeiter/in«. Kombiniert man nun zwei Rubriken miteinander, ergeben sich ähnliche Ergebnisse. Vakanzen, die den Geschäfts-Begriff sowohl in der Stellenbezeichnung als auch im Anforderungsprofil (Rubrik 7) aufweisen, legen nahe, dass die Gesamtheit an Stellen mit Geschäftsführungsaufgaben im Rahmen der zehn ausgewerteten Jahrgänge ebenfalls merklich zugenommen hat. Dies ist auch insofern eine interessante Beobachtung, da laut Auskunft des verantwortlichen Redakteurs der *Arbeitsmarkt*-Hefte im Untersuchungszeitraum keine gravierenden Änderungen an der Quellenbasis vorgenommen wurden. Denn einige aufgrund des insgesamt zu verzeichnenden Medienwandels (Stichwort: Zeitungssterben) nicht mehr erscheinende Medien seien quantitativ in etwa von neu hinzugekommenen Online-Portalen aufgefangen worden (Gespräch des Autors mit Andras Pallenberg vom Wissenschaftsladen am 9.12.2013).

Diagramm 2: Häufigkeit »Geschäfts-Begriff« in Stellenbezeichnungen und Anforderungsprofilen pro Jahr (2004–2013)

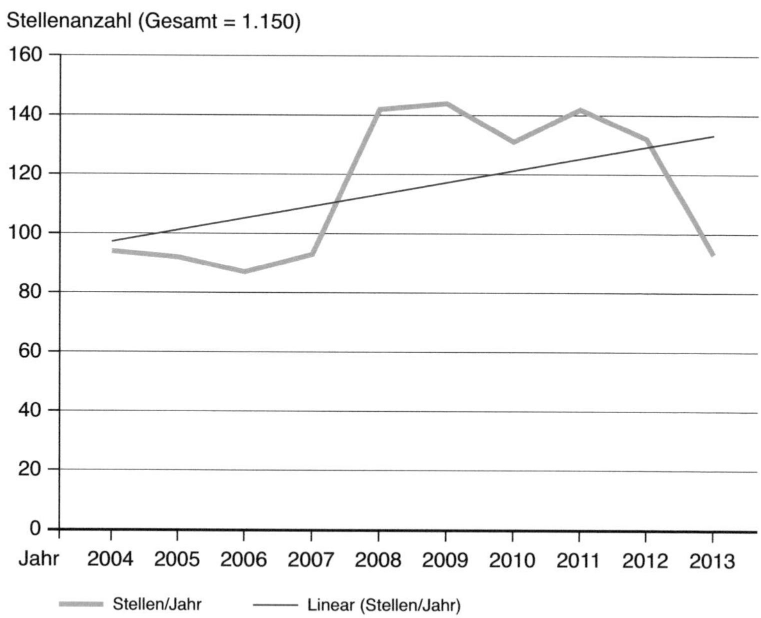

Waren also, um die Quintessenz des Diagramms zur Häufigkeit des Geschäfts-Begriffs im gesichteten Kreuzdatenmaterial zu beschreiben, bis 2007 jeweils nur unter 100 Vakanzen zu ermitteln, die in beiden der genannten Rubriken den Geschäfts-Begriff aufwiesen, so sind dies seither – wiederum mit der Ausnahme des Jahres 2013 – jeweils zwischen 131 und 144 Treffer (vgl. Diagramm 2). Erneut kann hier also vermutlich die Wirkung der Exzellenzinitiative nachgewiesen werden.

Nach dem zuvor präsentierten Auswertungsverfahren wurde auch das empirische Material für die eher an qualitativen Merkmalen ausgerichteten Inhaltsanalysen einzelner Stellenprofilgruppen vorstrukturiert. Ein Beispiel hierfür ist etwa die Identifizierung der besonders einschlägigen Gruppe der wissenschaftlichen Geschäftsführung aus einer Suchwortkombination »Wissenschaft & Geschäft« in der Rubrik »2) Stellenbezeichnung«. Ähnlich war das Vorgehen bei weiteren aus dem Pretest abgeleiteten Gruppen, was auf den spezifischen Fall bezogen ausführlicher dem inhaltsanalytischen Auswertungsteil entnommen werden kann. Dort wurde außerdem aufgrund der geringeren absoluten Anzahl jeweils vorab eine Datenbereinigung ausgeführt, indem etwa Mehrfachausschreibungen in unterschiedlichen Medien, nicht einschlägige Vakanzen oder Ausschreibungen aus dem Ausland vor der weiteren Auswertung aussortiert wurden, um dadurch präzisere quantitative und qualitative Aussagen treffen zu können.

Das gewählte Verfahren der Inhaltsanalyse bietet sich für die gewählte umfangreiche Grundgesamtheit von nahezu 80.000 Vakanzen besonders gut an, da sie quantitative und qualitative Aussagen miteinander verbinden kann. Über eine quantitative Auswertung lassen sich im ersten Schritt der Analyse, ohne zunächst auf die detaillierte Untersuchung des Einzelfalls zurückgreifen zu müssen, gewisse Merkmale der Häufigkeit nach ermitteln, welche dann statistisch dargestellt werden können, bevor in einem zweiten Schritt auf dieser vorstrukturierenden Grundlage ergänzende inhaltsanalytische Auswertungen vorgenommen werden können.

Die aus den Kommunikationswissenschaften heraus entwickelte Datenerhebungsmethode der Inhaltsanalyse ist gemäß der Definition von Werner Früh »eine empirische Methode zur systematischen, intersubjektiv nachvollziehbaren Beschreibung inhaltlicher und formaler Merkmale von Mitteilungen« (Früh 1998, 25). Die Methode könnte auch als das Zählen und Gewichten von Textmerkmalen mit dem Ziel, inhaltliche Aussagen zum Material treffen zu können, bezeichnet werden und erlangt ihre Aussagekraft – ähnlich zu repräsentativen Umfragen – gerade infolge der zunächst rein quantitativ erlangten Evidenz, die in einem zweiten Schritt durch qualitative Analysen vertieft werden kann. Systematisch ist sie, da sie sich von der intuitiven Alltagsbeobachtung unterscheidet. Auch ist sie auf intersubjektive Nachvollziehbarkeit angelegt, damit jeder entsprechend Qualifizierte sie nach Einarbeitung in die gewählte Methodik verstehen kann. Der im Zitat des weiteren erwähnte Aspekt der inhaltlichen Merkmale meint, dass durch sie die grundlegende Tendenz der analysierten Texte offengelegt wird. Und formale Elemente spielen eine Rolle, weil präzise statistische Aussagen über Quantitäten und bestimmte vorher definierte Merkmale getroffen werden können. Ein weiterer großer Vorteil der Methode ist, dass sie anders etwa als eine Befragung, die auf die Kooperation mit weiteren Personen angewiesen ist, Aussagen auch unabhängig von der zeitlichen Gegenwart treffen kann. Überdies geschieht dies losgelöst von der Entstehungszeit des Datenmaterials, kann also heute oder beispielsweise erst in dreißig Jahren (erneut) nachvollzogen werden. Auch tritt anders als bei Befragungen bei der Inhaltsanalyse keine Veränderung des Untersuchungsgegenstandes, also der befragten Person, die hypothetisch jederzeit ihre Meinung ändern kann, ein. Die im *Arbeitsmarkt – Bildung – Kultur – Sozialwesen* dokumentierten Vakanzen sind im Gegensatz zu befragten Personen, in der Fachsprache der Inhaltsanalyse ausgedrückt, »non-reaktiv« gleichwie die Analyse beliebig reproduzierbar ist (vgl. für das Vorgenannte Roessing 2013, 47 f.).

Alle Aspekte zusammenfassend besteht die Absicht der explorativen Studie des Stellenmarktes auf dem Feld der Geschäftsführung im Wissenschaftsbereich also darin, strukturiert sowie so objektiv und überindividuell nachvollziehbar wie möglich zu analysieren, wie sich der Stellenmarkt für Geschäftsführungspositionen im Wissenschaftsbereich, wie er im *Arbeitsmarkt Bildung – Kultur – Sozialwesen* repräsentiert ist, innerhalb der letzten zehn Jahre (von 2004 bis 2013) entwickelt hat. Dies soll nun anhand der im Pretest ausfindig gemachten Profilgruppen quantitativ und qualitativ erforscht werden. In einem die Stellenexploration begleitenden, interpretativen Schritt soll außerdem jeweils komplementierend herausgearbeitet werden, welche Erkenntnisse aus der Analyse des umfangreichen empirischen Materials für die Überprüfung der Professionalisierungsthese gewonnen werden können.

5.3 Zur Auswertung der Profilgruppen

Im Rahmen der klassischen Hochschulselbstverwaltung waren bis zu dem mit dem Stichwort »New Public Management« verbundenen Paradigmenwechsel für den Bereich wissenschaftliche Geschäftsführung vorrangig die mit wissenschaftlich-inhaltlichen Global- oder Partialverantwortlichkeiten verknüpften – durch eine vom Kollegium bestimmten und durch ein Mitglied des Kollegiums bekleideten – Ämter des »Rektors«, »Direktors«, »Dekans« oder »Fakultätsvorstandes« von Belang. Diese Ämter waren schwerpunktmäßig dem Bereich der Akademie bzw. der Wissenschaft und vor allem der Universität oder der außeruniversitären Forschung als autonomer Institution verhaftet. Komplementär hierzu stand der meistenfalls vom staatlichen Mittelgeber als Leiter der Verwaltung eingesetzte Kanzler. Gleichwohl diesen Positionen in impliziter Weise stets Aufgaben der Geschäftsführung im Wissenschaftsbereich zukamen, stehen diese Ämter der klassischen Hochschul(selbst)verwaltung nicht im Fokus der Untersuchung. Dies ist auch insofern konsequent, da diesen Positionen herkömmlicherweise jeweils eine klare Verortung *entweder* im Bereich der Wissenschaft *oder* im Bereich der Verwaltung zugewiesen werden konnte. Für die Profession der Hochschullehrer wird dies allein schon anhand ihrer auf den gleichlautenden lateinischen Wortstamm »professio« zurückgehenden Nomenklatur offenbar. Und das Amt des Kanzlers, an das in diesem Kontext ebenfalls gedacht werden könnte, gibt es – wenngleich nicht im Wissenschaftskontext – schon seit den Zeiten der Karolinger. Seit der Gründung der ersten Universitäten im frühen Mittelalter war es auch in diesem Kontext geläufig und hat sich neben dem universitären Bereich bis heute ebenfalls auf politischer Ebene gehalten. Ähnliches könnte für das Amt des Rektors gesagt werden, das sich vor allem seit der Gründung der Akademien im Zeitalter der Aufklärung und im Kontext der Kunstmuseen und der allgemeinen Schulgeschichte als Profession herausgebildet hat und späterhin insbesondere im Falle von Direktionspositionen auf universitäre und außeruniversitäre Forschungseinrichtungen übertragen hat.

Die hier im Mittelpunkt der Betrachtung stehenden Professionalisierungsphänomene der Geschäftsführung im Wissenschaftsbereich sind im Vergleich dazu bislang eher kurzfristiger Natur, insofern sie ungefähr zwei, maximal drei Dezennien zurückreichen und gerade im letzten Dezennium gewisse Fahrt aufgenommen haben. Obwohl, so eine weitere These, es Geschäftsführung im Wissenschaftsbereich bereits viel länger gibt, wurde diese bislang jedoch eher parallel zu einer akademischen Tätigkeit und weniger als eigenständige, hauptamtliche Tätigkeit ausgeübt. Im Sinne der Professionalisierungsthese werden vielmehr die Funktionen im Vordergrund stehen, die sich in neuerer Zeit entwickelt haben, weshalb sich die Stellenmarktanalyse auf Profilgruppen jenseits der klassischen akademischen Selbstverwaltungspositionen konzentriert. Anhand des empirischen Materials kann Auskunft über das für den Professionalisierungsprozess im Bereich der wissenschaftlichen Geschäftsführung bislang wohl bedeutendste Dezennium seit 2004 gegeben werden.

Die Strukturierung der nachfolgenden Profilgruppen beginnt zunächst mit den qua Stellenbezeichnung eingängigsten Vakanzen (z.B. »Wissenschaftliche Geschäftsführung« oder »Akademische Geschäftsführung«), um dann auf das Feld neu geschaffener Geschäftsführungspositionen im Bereich der klassischen akademischen Selbstverwaltung überzuwechseln, wofür die Fakultätsgeschäftsführung das wohl prominenteste Beispiel ist. Weitere, einerseits eher am Pol der Wissenschaft und Forschung, andererseits eher am Pol der Administration orientierte Profilgruppen schließen sich im Rahmen der Stellenmarktanalyse an und ergänzen das insgesamt facettenreiche Bild wissenschaftlicher Geschäftsführung um weitere Nuancen. Den Auftakt der inhaltsanalytischen Auswertung macht auf der folgenden Seite die Vakanzengruppe »Wissenschaftliche Geschäftsführung«:

5.3.1 Wissenschaftliche Geschäftsführung

Insgesamt 68 Profile konnten für den qua Stellenbezeichnung einschlägigen Bereich der wissenschaftlichen Geschäftsführung in den ca. 520 Arbeitsmarkt-Heften ausfindig gemacht und ausgewertet werden. Sie umfassen Positionen wie »Wissenschaftliche Geschäftsführung« (Heft 9 2004), »Wissenschaftlicher Mitarbeiter/in als Geschäftsführer/in« (Heft 46 2009), »Wissenschaftliche/r Mitarbeiter/in für die Geschäftsführung« (Heft 12 2010), »Wissenschaftliche/r Mitarbeiter/in in der Tätigkeit als Geschäftsführer/in« (Heft 11 2013), »Geschäftsführende/r wissenschaftliche/r Mitarbeiter/in« (Heft 51 2009) oder »Wissenschaftlicher Geschäftsführer (m/w)« (Heft 9 2009) und ähnlich lautende Vakanzen, die insbesondere in der Form der genderneutralen Stellenbeschreibung variieren. Besonderheiten in dieser Kategorie sind bereits qua Ausschreibung mit genaueren Spezifizierungen und Funktionsbeschreibungen versehene Stellen wie zum Beispiel »Wissenschaftlich-Technische/r Geschäftsführer/führerin« (Heft 5 2008), »wiss. KoordinatorIn u. GeschäftsführerIn« (Heft 41 2006), »GeschäftsführerIn für den Fachbereich ›Wirtschaftswissenschaften‹« (Heft 25 2005), »Wissenschaftliche/r Vorstand und Geschäftsführer/in« (Heft 17 2005), »Wissenschaftliche/r/Direktor/-in und Geschäftsführer/in« (Heft 20 2013), »Wissenschaftliche/r Geschäftsführer/in verbunden mit Professur für Friedens- und Konfliktforschung« (Heft 12 2012) oder »Wissenschaftliche Geschäftsführung in der Funktion einer/-s Vizedirektors/-in« (Heft 10 2011).

Diagramm 3: Häufigkeit Wissenschaftliche Geschäftsführung pro Jahr (2004–2013)

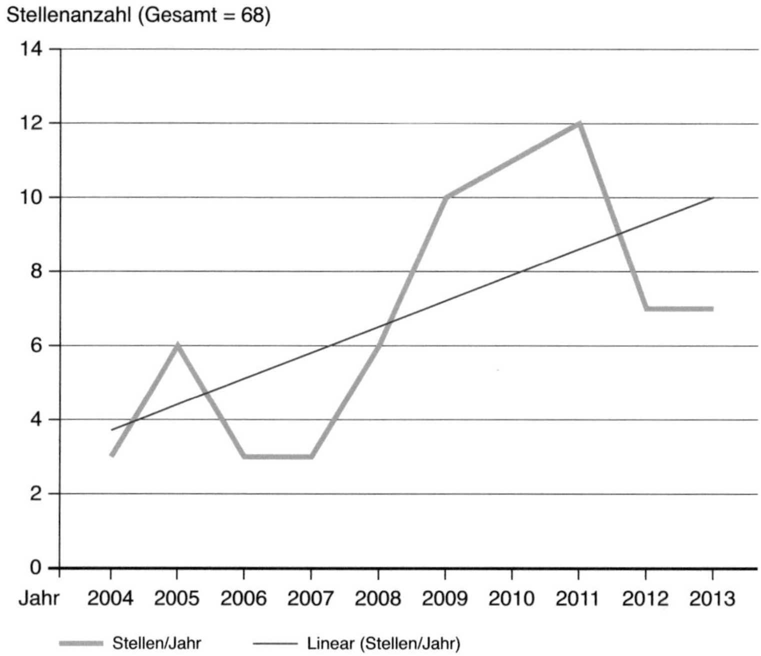

Ihr zeitliches Auftreten ergibt einen eindeutigen Schwerpunkt um das Jahr 2010 herum, denn 2009 waren zehn bzw. 2011 sogar zwölf Vakanzen zu verzeichnen, 2010 immerhin elf, wohingegen für die beiden Jahre danach ein Rückgang auf jeweils sieben zu verzeichnen ist. In den Jahren 2004, 2006 und 2007 konnten jeweils drei einschlägige Annoncen angetroffen werden, in den Jahren 2005 und 2008 mit zweimal 6 ausgeschriebenen Stellen jeweils die doppelte Anzahl (vgl. Diagramm 3).

Bei 47 der ausgeschriebenen Stellen wurden Angaben zur Befristung gemacht. Elf Texte verwiesen explizit darauf, dass die Vakanz unbefristet besetzt werden soll, was ungefähr einem Verhältnis von vier zu eins entspricht. Die Laufzeiten der Befristung erstrecken sich von geringstenfalls zehn Monaten bis zu maximal sieben Jahren. Das arithmetische Mittel aller befristeten Stellen liegt mit exakt 2,98 Jahren nahezu bei drei Jahren, wobei zu bemerken ist, dass die meisten der befristeten

Stellen, nämlich 22, mit zwei Jahren Laufzeit annonciert waren. Hierbei handelt es sich zumeist um aufgrund des Wissenschaftszeitvertragsgesetzes ausgeschriebene Vakanzen. Selten, um präzise zu sein: nur in zwei Fällen, wird explizit darauf hingewiesen, dass der Arbeitgeber »nachdrücklich an einer Entfristung der Stelle nach zwei Jahren interessiert« ist (z.B. Heft 11 2013).

Auch über den Umfang der Stellen lässt sich anhand der gesichteten Profile eine Aussage treffen: 56 und damit die meisten der 61 Stellen, die Angaben zum Stellenumfang machen, sind als Vollzeitstellen ausgeschrieben. Die restlichen fünf gehen in drei Fällen von einer Halbtagsstelle oder von Tätigkeitsvolumina bis zu 75 Prozent aus, was die Aussage erlaubt, dass wissenschaftliche Geschäftsführung von Seiten der Arbeitgeber kaum als »teilzeitfähig« eingeschätzt wird. Bei den restlichen Stellen, die keine Aussagen zum Stellenumfang treffen, ist anzunehmen, dass diese 1,0 FTE entsprechen.

Anforderungen an die formale Bildung werden in 62 Fällen genannt. Hochschulabschluss wird von 20 Ausschreibungen erwartet. Am relativ häufigsten mit insgesamt 29 Nennungen ist jedoch eine Promotion entweder Voraussetzung (23) oder zumindest wird diese bevorzugt oder als gewünscht klassifiziert (9). Ein konkrete Formulierung als Beleg hierfür ist zum Beispiel die Forderung: »Promotion in einem thematisch einschlägigen Fach« (Heft 36 2011). Eine Habilitation ist viermal gefordert. Nicht ganz eindeutig sind vier weitere Fälle, die eine Einstellung gemäß Hochschulordnung ausloben. Am seltensten, nämlich in bloß zwei Annoncen, deren Arbeitgeber aus dem kommunalen Bereich stammen, wird eine »Berufsausbildung mit mehrjähriger Berufserfahrung« vorausgesetzt (Heft 41 2012). Was die wissenschaftliche Qualifikation anbelangt, so wird diese meistens auch in einem für den Einstellungskontext einschlägigen Gebiet verlangt und darf gerne, was zusätzliche qualifizierende Adjektive verraten, »exzellent«, »überdurchschnittlich«, »sehr gut«, »möglichst mit Prädikat« oder »herausragend« sein.

Hieran orientiert sich gemäß der Logik des öffentlichen Dienstes auch das Entgelt, dessen Systematik innerhalb des Untersuchungszeitraums reformiert wurde. Dies ist bei den Ausschreibungstexten anhand der Eingruppierung in BAT zu erkennen, die sich inzwischen in TV-L oder TVöD gewandelt hat. Am häufigsten werden die Stellen mit Entgeltgruppe 13 (früher BAT IIa) dotiert. Je höher die Position in der Hierarchieebene angesiedelt ist, umso höher ist nachvollziehbarer Weise die Eingruppierung, wenn nicht gar eine weitere Funktion, wie z.B. eine Professur mit der Tätigkeit der Geschäftsführung verbunden ist und dann die ebenfalls im Untersuchungszeitraum neu eingeführte W-

Besoldung als Vergütungsmaßstab genannt wird. Einige, gerade höher angesiedelte Stellen werden auch »ggf. außertariflich« (Heft 47 2007), »internationalen Maßstäben« entsprechend (Heft 5 2008) oder »entsprechend ihrer Bedeutung« (Heft 12 2012) honoriert.

Um in die qualitative Inhaltsanalyse einzusteigen, sollen zunächst einmal auf der Grundlage eines kursorischen Blickes auf alle Stellen einige auffällige und wiederkehrende Merkmale bezüglich Kenntnissen, Fähigkeiten sowie Aufgaben- und Einsatzfeldern dargestellt werden. So wird in den Annoncen oft der Charakter der Stellen als integrativ, vermittelnd oder an den Schnittstellen angesiedelt umschrieben, worauf auch auf direkte Interaktion verweisende Substantive wie »Abstimmung«, »Verzahnung«, »Unterstützung«, »Vertretung«, »Zusammenarbeit«, »Moderation«, »Kooperation«, »Koordination«, »Organisation« oder »Repräsentation« hinweisen. Logisch ist insofern auch, dass in etlichen der Annoncen die »Kommunikationsfähigkeit«, »Kontaktfreude« und »Kooperationsbereitschaft« der Bewerber erwähnt wird. Tätigkeiten wie »Vernetzen«, »Kontaktpflege« oder »Projektmanagement« sind ebenfalls Hinweise darauf, dass wissenschaftliche Geschäftsführung neben der inhaltlichen Komponente im Wesentlichen den strukturiert-kommunikativen Umgang mit verschiedensten Personen und Stakeholdern umfasst, worauf auch die verhältnismäßig oft in den Positionsbeschreibungen anzutreffende Aufgabe der »Öffentlichkeitsarbeit« hindeutet. Zu nennen ist in diesem Kontext auch, dass in 13 Ausschreibungen »Teamfähigkeit« als Kompetenz genannt wird und insgesamt eine »hohe soziale Kompetenz« (Heft 31 2009) bzw. »ein hohes Maß an sozialer Kompetenz sowie Organisations-, Kommunikations- und Teamfähigkeit« (Heft 36 2011) oder »souveränes Auftreten und Netzwerkkompetenz« (Heft 36 2009) für die Bewältigung der vorgenannten, zumeist konnexiven Tätigkeiten gefordert sind. Auch »kollegiales, teamorientiertes Auftreten und Humor« (Heft 36 2009 und 51 2009) sowie die »Fähigkeit zur Integration unterschiedlicher Interessen und zur Schaffung eines kooperativen Klimas« (Heft 40 2006) werden von einzelnen Ausschreibungstexten genannt.

Ein instruktives Beispiel für die Profilgruppe »Wissenschaftliche Geschäftsführung« ist eine Vakanz an der Universität Mainz aus dem Jahr 2010, wo es über die Aufgabenbereiche und die beschriebene Unterstützungsleistung heißt: »Haushalt (Planung, Controlling), Personalplanung, Gremienarbeit, Außendarstellung [...]. Die Geschäftsführerin oder der Geschäftsführer bildet die Schnittstelle zwischen den im Fachbereich tätigen Mitarbeiterinnen und Mitarbeitern, den Organen der akademischen Selbstverwaltung und Einrichtungen innerhalb und außerhalb der Universität und übernimmt zentrale Koordinations- und Kommunikationsaufgaben.« (Heft 10 2010)

Managementkompetenz wird in den Ausschreibungstexten ebenfalls in einigen Fällen thematisiert, wenngleich nicht immer direkt, so doch indem etwa »operative und strategische Planungsaufgaben«, »Projektmanagement« oder das in vier Fällen explizit erwähnte »Controlling« sowie »Projektsteuerung«, »Evaluation« oder »Qualitätskontrolle und -sicherung« im empirischen Material der analysierten Profilgruppe vorkommen.

Dennoch spielt die Verwaltungs- oder Gremienarbeit und das Spektrum klassischer Geschäftsführung eine ebenfalls nicht zu vernachlässigende Rolle, obwohl der Geschäftsbegriff nicht ganz so häufig vorkommt, wie die Stellenbezeichnungen das vermuten ließen. In den Vakanzen werden für die Geschäftsführung unerlässliche Kenntnisse in »Recht«, »Personalwesen«, »Finanzen«, »Haushalts- und Budgetplanung« genauso gefordert wie »Führungsfähigkeit«, »Kenntnisse in Drittmitteleinwerbung« und sogar der »Einsatz in Forschung und Lehre«.

»Akquisition, Planung, Leitung, Durchführung und finanztechnische Abwicklung von Forschungsvorhaben« gehören gemäß einer repräsentativen Stellenausschreibung für »Wissenschaftliche Geschäftsführung« ebenso zum breit gefächerten Portfolio wie die »Anleitung wissenschaftlichen Personals« (Heft 9 2004) und »Lehrtätigkeit« (Heft 6 2005) oder »Beteiligung an der Lehre und Forschung« (Heft 16 2007). Relativ viel Wert wird gemäß der Doppelfunktion in Akademie und Administration auf die Einbindung in die Science-Community gelegt (z.B. Heft 42 2004 oder Heft 34 2011), etwa dadurch, dass »ein eigenes Forschungsprojekt [...] eingebracht wird« (Heft 21 2008) oder in einem anderen Beispiel »die operative Unterstützung der wissenschaftlichen Begleitforschung der Evaluation« (Heft 36 2009) zum akademischen Tätigkeitsanteil gehört. Deshalb verwundert es kaum, dass von einem anderen Ausschreibungstext »Erfahrungen in der Forschung sowie nach Möglichkeit in der Wissenschaftsverwaltung« (Heft 40 2009) vorausgesetzt werden oder eine Ausschreibung nach Bewerbern mit »intellektueller Neugier und fachlicher Expertise« sucht (Heft 34 2011). Den Stelleninhabern obliegen gemäß einer instruktiven Ausschreibung für die »Wissenschaftliche Geschäftsführung« des Forschungszentrums Gotha der Universität Erfurt »zum einen klassische administrative Aufgaben, wie z.B. die Haushalts- und Budgetplanung/-überwachung, das Management von Drittmittelvorhaben sowie Tätigkeiten im Bereich der Personalangelegenheiten. Zum anderen wird [...] in wissenschaftlicher Hinsicht insbesondere die inhaltlich-konzeptionelle Mitwirkung bei der

Beantragung von Drittmittel- und Förderanträgen sowie von Vortragsreihen, Tagungen und Kolloquien [...] erwartet« (Heft 33 2013).

Die im Rahmen der Exzellenzinitiative vor allem im Bereich der Graduiertenförderung geschaffenen Stellen für wissenschaftliche Geschäftsführung zeichnen sich gemäß einer Ausschreibung der Universität Konstanz dadurch aus, dass die Stelleninhaber »verantwortlich für das wissenschaftliche und administrative Tagesgeschäft« (Heft 38 2008) sind, wofür »Erfahrungen in der Wissenschaftsorganisation und im Umgang mit der universitären Verwaltung« verlangt werden. Außerdem »besteht« im spezifischen Fall »die Möglichkeit zu eigener Forschung, insbesondere in einem Forschungsjahr im Anschluss an die zweijährige wissenschaftliche Geschäftsführung« (ebd.), womit impliziert wird, dass Forschung und Wissenschaftsmanagement nicht gleichzeitig möglich sind. In dieser Ausschreibung im Rahmen der Exzellenzinitiative wird zudem ein kritisch zu hinterfragendes Verständnis der Positionen der wissenschaftlichen Geschäftsführung – sozusagen als »Akademiker-Parkplatz« (vgl. hierzu auch Kapitel 4) – kultiviert, das nicht unbedingt den vielfältigen Aufgaben und den geforderten Kompetenzprofilen gerecht zu werden scheint. In dieselbe Richtung, allerdings aus Sicht des Arbeitgebers, tendiert eine von der Universität Köln ausgeschriebene Stelle mit der Bezeichnung »Wissenschaftliche/r Mitarbeiter/in in der Tätigkeit als Geschäftsführer/in«, die möglicherweise aufgrund vorheriger Erfahrungen ausführt, dass »eine längerfristige Perspektive im Wissenschaftsmanagement [...] erwünscht« ist (Heft 11 2013). »Kenntnisse in Verwaltungsrecht, Arbeitsrecht, Haushalt, Finanzen und Organisation« (Heft 6 2005) sind ebenso gefordert wie »Management-Erfahrungen« (Heft 17 2005) und »die Vorbereitung und Weiterentwicklung von Programmbudgets und Wirtschaftsplänen, Mittelbewirtschaftung, Kosten-Leistungs-Rechnung, Koordination des Personaleinsatzes sowie das Erstellen von Rechenschaftsberichten« (Heft 12 2010) oder »Erfahrung im Wissenschaftsmanagement einschließlich der Finanz- und Ressourcenbewirtschaftung« (Heft 33 2013). Bewerber für andere Vakanzen sollten »Erfahrungen in Wissenschaftsadministration« (Heft 40 2006 u.ö., auch »Wissenschaftsverwaltung«) haben oder »die Administration der Finanzen« und den »Aufbau der Verwaltungsstruktur« (Heft 10 2007) bewerkstelligen können, aber auch über »Kenntnisse hochschulrechtlicher Rahmenbedingungen und Prozessstrukturen der akademischen Selbstverwaltung« (Heft 31 2009) verfügen. In einer Ausschreibung aus dem Jahr 2005 wird noch ganz klassisch »Haushaltsplanung, insbes. Bewirtschaftung der Stellen und Haushaltsmittel« (Heft 25 2005) verlangt.

Auffällig ist, dass viele Annoncen explizit den Schnittstellencharakter der wissenschaftlichen Geschäftsführung betonen, indem sie diese für die »Vermittlung zwischen Wissenschaft und Praxis« (Heft 18 2006) ausschreiben oder im »Spannungsfeld von Wissenschaft, Politik und Gesellschaft« (Heft 47 2007), an der »Schnittstelle von Wissenschaft und Politik« (Heft 5 2008), dem »Schnittfeld von Wissenschaft, Praxis und Politik« (Heft 46 2012) oder der »Schnittstelle von Technik und Gesellschaft« (Heft 50 2013) verorten. Die Stellen, wie eine weitere Ausschreibung belegt, werden dazu eingerichtet, den »Schulterschluss zwischen Forschung und Wirtschaft« (Heft 19 2006) zu fördern.

Was den Aspekt der Professionalisierung anbelangt, ist den Annoncentexten wenig Explizites zu entnehmen, vielmehr werden inhaltliche Fähigkeiten und allgemeine Erfahrungen mit dem Hochschul- und Wissenschaftssystem in den Vordergrund gestellt, etwa »Vertrautheit mit Abläufen im Hochschulbereich« (Heft 25 2005), »Kenntnisse der Förderlandschaft für deutsche Hochschulen« (Heft 19 2006) oder »differenzierte Kenntnisse universitärer Strukturen und Organisationsformen. Erfahrungen in der Wissenschaftsadministration, im Projektmanagement« (Heft 10 2010), seltener hingegen auf den Aspekt der Profession bezogen auch »ausgewiesene Erfahrung im Hochschulmanagement« (Heft 45 2010). Die qualitative Inhaltsanalyse der Vakanzen in der Profilgruppe »Wissenschaftliche Geschäftsführung« resümierend kann von einem »vielseitigen Anforderungsprofil« (Heft 47 2007) gesprochen werden.

5.3.2 Akademische Geschäftsführung/Akademie-Geschäftsführung

Insgesamt 16 Resultate ergab die zweifach gefilterte Suche in der Rubrik »Stellenbezeichnung« nach der Begriffskombination »akademisch« und »Geschäft«. Vier Stellen, die zunächst näher analysiert werden sollen, führen die direkte Bezeichnung »Akademische/r Geschäftsführer/in«. Ausgeschrieben sind sie von den unterschiedlichsten Organisationseinheiten: Vom Max-Planck-Institut für demografische Forschung genauso wie vom Interdisziplinären Ethik-Zentrum der Universität Freiburg, der Graduiertenschule Muslim-Cultures der FU Berlin und dem Münchner Kompetenz-Zentrum Ethik an der LMU. Aus den Aufgabenbeschreibungen, aber zum Teil auch bereits anhand der genannten Einsendeadresse lässt sich der supportive Charakter der Tätigkeit ableiten. Denn zwei der vier genannten Ansprechpartner amtieren als Geschäftsführende Direktoren. Ihnen ist auch der/die »Akademische/r Geschäftsführer/in«

dienstrechtlich zugeordnet. Die Nähe zur Wissenschaft und insofern auch zur akademischen Tätigkeit, die bereits in der Stellenbenennung zum Ausdruck gelangt, geht etwa auch aus der Ausschreibung für das Ethik-Zentrum an der Freiburger Universität hervor. Dort heißt es über die Aufgaben: »Zu den zentralen Aufgaben gehört die konzeptionelle Vorbereitung neuer interdisziplinärer Forschungsansätze und Lehrformen« (Heft 19 2007). Zum Aspekt der Geschäftsführung wird keine Aussage getroffen, sondern vielmehr bei den Kompetenzen auf die fachliche Vorbildung im Bereich der Medizinethik eingegangen.

Anders gestaltet sich dies bei einer vom MPI ausgeschriebenen Vakanz, die »einschlägige Erfahrung in der Wissenschaftsverwaltung« voraussetzt und die eigenverantwortliche Umsetzung »der Zielvorgaben des Direktoriums« sowie die Unterstützung der Direktoren bei der Institutsleitung als Aufgaben benennt (Heft 18 2007). Die Brückenfunktion zwischen Akademie und Geschäftsführung kommt darin zum Ausdruck, dass von den Bewerbern gefordert wird: »Sie bringen wissenschaftsorientierte und strategische Gesichtspunkte in alle administrativen Prozesse (etwa die Personal- und Finanzplanung) ein und vertreten die Institutsinteressen nach außen im Rahmen der Vorbereitung und Umsetzung von Leitungsentscheidungen. Das Erstellen von Statusberichten gehört dabei ebenso zu ihrem Aufgabenbereich wie die konzeptionelle Mitarbeit an Förderanträgen« (ebd.).

Auch die Stellen, welche an den durch die Exzellenzinitiative geschaffenen Graduate Schools lokalisiert sind, kombinieren inhaltliche und administrative Aspekte. Als Aufgabengebiete werden ausdrücklich »Geschäftsführung; Budget- und Personalplanung; Personalführung« genannt (Heft 36 2011). Zugleich werden aber neben der organisatorischen auch die »inhaltliche Betreuung der Graduate School« sowie die »konzeptionelle Mitwirkung an der Weiterentwicklung des strukturierten Promotions-Studiengangs und der damit verbundenen Forschungsschwerpunkte« gefordert (ebd.). Dass zur Umsetzung dieser akademischen und administrativen Doppelfunktion »Erfahrungen im Wissenschaftsmanagement (u.a. Haushaltsrecht, Personalrecht, Drittmittelbewirtschaftung, Personalführung etc.) und in der Entwicklung von Studiengängen und Forschungsschwerpunkten« (ebd.) gewünscht sind, betont den intermediären Charakter der akademischen Geschäftsführung und ist ein impliziter Hinweis auf den Professionalisierungsprozess. Aus kritischer Perspektive könnte formuliert werden, dass immer dort, wo in einer Ausschreibung das Anforderungsprofil überfrachtet ist – also die berühmte »eierlegende Wollmilchsau« gesucht wird –, noch Klärungsbedarf hinsichtlich der internen Strukturen, Abläufe und

Arbeitsschwerpunkte herrscht. Die Ausschreibung des Münchner Kompetenz-Zentrums Ethik bestärkt diese Beobachtung. Als Aufgaben sind dort nebeneinander definiert zum einen die »Administration des MKE (Haushalt, Personal, Räume, Berichte) im Auftrag und in Abstimmung mit dem MKE Vorstand«, zum anderen »Mitarbeit an den Forschungsschwerpunkten des Zentrums« (Heft 35 2012). Vorgesehen ist sogar ein beträchtliches »Lehrdeputat in Höhe von 5-7 Semesterwochenstunden, das an der philosophischen Fakultät zu erbringen ist« (ebd.). Mit dieser Überfrachtung wird zugleich eine »Entwertung« beider Tätigkeitsbereiche zum Ausdruck gebracht, insofern sowohl die Lehre wie auch die Geschäftsführung als Aufgabe für nebenbei definiert wird.

Aus der Inhaltsanalyse der vier Ausschreibungen lässt sich ableiten, dass die inhaltliche Nähe zum wissenschaftlichen Umfeld bei Positionen der Profilgruppe »Akademische Geschäftsführung« – entsprechend der Stellenbezeichnung – groß ist. Oder, um mit dem Ausschreibungstext des Kompetenz-Zentrum Ethiks zu resümieren: »Effiziente Administration wissenschaftlicher Praxis« den Kern akademischer Geschäftsführung ausmacht (ebd.).

Fernerhin ist bei der Analyse der Ausschreibungen in dieser Profilgruppe auffällig, dass die meisten Stellen nicht nur gemäß der Tätigkeit ausgeschrieben sind, wie dies z.B. die Stellenbezeichnung »Geschäftsführer/in für das Geographische Institut (Akademische/r Rat/Rätin bzw. Akademische/r Oberrat/rätin)« nahelegt, sondern parallel auch gemäß der dienstrechtlichen Laufbahnbezeichnung, z.B.: »Geschäftsführung/Akademische/r Direktor/in« oder »Akademische/r (Ober-) Rätin/Rat als Geschäftsführer/in« (Heft 45 2006; Heft 1 2010; Heft 2 2010), »Geschäftsführer in der Laufbahn der Akademischen Räte mit der Funktion eines wissenschaftlichen Mitarbeiters« (Heft 20 2008; in anderer Reihenfolge Heft 10 2010) oder »Akademische/r Mitarbeiter/in als Geschäftsführer/in« (Heft 6 2012). Eine gewisse Ausnahme wegen der geteilten Aufgabenfelder bildet hier die Stellenbezeichnung »Akademische/r Rat/Rätin als Lehrkraft für besondere Aufgaben an einer Hochschule – gleichzeitig Geschäftsführer/in« (Heft 45 2006). Nach diesen infolge der formalistischen Ausschreibungsmodalitäten des öffentlichen Dienstes etwas holprig zu lesenden Anmerkungen zur laufbahnrechtlich geprägten Bezeichnung der Positionen können die daran orientierten Besoldungsfragen leichter dargestellt werden. Denn die jeweiligen laufbahnrechtlichen Rangstufen ziehen quasi automatisch auch eine Eingruppierung zwischen den Stufen 13 und 15 nach sich. Ohnehin dürfte die zuvor skizzierte Thematik der Aufgabenfelder und der erwarteten Kenntnisse und Fähigkeiten wesentlich interessanter sein und die Erkenntnis, dass die Akademische Geschäftsführung, wie ihre Name bereits nahe legt, auch gemäß der Ausschreibungsprofile eine sehr wissenschaftsnahe Form der Geschäftsführung im Wissenschaftsbereich ist.

Analysiert nach dem Treffwort »Akademie« in der Rubrik »Stellenbeschreibung« ergibt sich noch eine interessante Ergänzung des Feldes der akademischen Geschäftsführung, insofern dadurch auch verwandte Stellenbezeichnungen und Tätigkeitsbereiche zum Vorschein kommen. Aus der Gesamtmenge von 141 hierfür einschlägigen Treffern ergeben sich etliche Vakanzen für Geschäftsführungstätigkeiten im Wissenschaftsbereich mit jeweils unterschiedlicher Aufgabenprofilierung. Zu nennen sind hier die einschlägigen Positionen »Akademieleitung«, »Akademieleiter/in«, »Akademiedirektor/in«, »Leiter/in Berufsakademie«, »Akademiegeschäftsführer«, »Akademiereferent/in« oder »Geschäftsführer/Leiter/Referent/in Graduiertenakademie«. In unterschiedlichem Maße qua Hierarchie aber auch qua Fokussierung der Tätigkeit weisen alle hier genannten Stellen sowohl wissenschaftliche als auch geschäftsführende Tätigkeitsmerkmale auf, die jedoch unterschiedlich gewichtet sind. Eine Besonderheit dieser Gruppe ist der verhältnismäßig hohe Anteil privatwirtschaftlicher (bzw. *ex negativo*: nicht öffentlicher) Anstellungsverhältnisse. Gerade die Position der »Akademieleitung« ist ein gutes Beispiel hierfür. Dies ergibt sich oftmals auch aus den Rechtsformen der Ausschreibungsträger, die in diesem Bereich überproportional häufig GmbHs oder gemeinnützige GmbHs sind.

Das Spektrum der »Akademie« ist dabei weniger gekennzeichnet von der klassischen »Gelehrtenakademie«, sondern von unterschiedlichen Formen des häufig privatwirtschaftlich organisierten tertiären Bildungssektors, welche im weitesten Sinne im Bereich der Weiterbildung und Qualifikation sowie des außeruniversitären Bildungsbereiches zu verorten sind. Eine Besonderheit hierbei ist die enorme Vielfalt der Trägerschaft. So sind die beiden großen Kirchen und ihre Wohlfahrts- und Sozialverbände ebenso Träger akademischer Bildung als auch politische Parteien, Gewerkschaften-, Wirtschafts-, Finanz- und Industrieverbände genauso wie anthroposophische Gesellschaften, Kliniken und Privathochschulunternehmen oder Firmen, Aktiengesellschaften, Sparkassen und Genossenschaftsbanken, Handelskammern, aber auch Träger aus dem öffentlichen Sektor, wie vor allem Gebietskörperschaften (Kommunen, Bezirksverbände, Landkreise, Bundesländer) oder Universitäten und (Fach-)Hochschulen. Ein weiteres Spezifikum der Akademie-Geschäftsführung ist die häufig vorhandene zusätzliche Berücksichtigung des kundenorientierten »Vertriebsaspektes« (z.B. Heft 29 2004) in der Tätigkeitsbeschreibung. So wird beispielsweise in einer hierfür repräsentativen Vakanz die »fachliche, personelle und kaufmännische Führung des Aus- und Weiterbildungsbetriebs« sowie die »kundenorientierte Weiterentwicklung des Bildungsangebotes« (Heft 43 2013) von den Bewerbern gefordert. Was das Gehaltsniveau anbelangt, lehnt sich dieses insbesondere bei den staatlichen und parastaatlichen Stellen etwa im kirchlichen und sozialen Sektor an die Bezahlung des öffentlichen Dienstes an, lässt jedoch dem weiteren Kontext der Privatwirtschaft folgend dem Markt mehr Spielraum. Deshalb wird oftmals um die Übersendung von »aussagekräftigen Unterlagen mit Gehaltsvorstellung« gebeten (ebd.).

Als formale Einstellungsvoraussetzungen werden hier – neben dem obligatorischen Hochschulabschluss, gerne auch als akademische Ausbildung umschrieben, und der gerade in Leitungsposition häufig erwünschten Promotion – überproportional oft auch berufliche Erfahrungen, vor allem im Weiterbildungssektor, genannt. So wird, um überdies ein weiteres Spezifikum, die wirtschaftliche Betriebsform, mit einem Ausschreibungsbeispiel zu illustrieren, »neben der inhaltlichen und strategischen Neuausrichtung [...] eine wichtige Aufgabe die wirtschaftliche Konsolidierung und Führung der Einrichtung sein. Die hierfür erforderlichen Kompetenzen und Führungsqualitäten sollten durch entsprechende Vorbildung und berufliche Erfahrung nachgewiesen werden« (Heft 19 2004). Selbst bei dieser in Trägerschaft einer Gebietskörperschaft befindlichen Einrichtung wurde seinerzeit »für die Wiederbesetzung der Leitung [...] eine Persönlichkeit [...] mit Erfahrung im Management von Bildungs- und Weiterbildungseinrichtungen« gesucht, die »die Fähigkeit besitzt, etwas zu bewegen und zu verändern« (ebd.). Bei einem privatwirtschaftlichen Anbieter lautet die Anforderung an den neu einzustellenden, »akquisitionsstarken, unternehmerisch denkenden Manager als geschäftsführenden Akademie-Leiter« noch prononcierter, »durch bedarfsgerechte Weiterbildungs-Programmangebote und kompetente Kundenberatung den Umsatz und Marktanteil der Akademie wirtschaftlich gesund auszubauen« (Heft 37 2004).

Die Fallzahl von insgesamt 142 Stellenausschreibungen in der Untergruppe »Akademie-Geschäftsführung« erlaubt neben der qualitativen Inhaltsanalyse zugleich eine quantitative Analyse. Dadurch können zusätzlich Ausschreibungs-Konjunkturen erkannt werden (vgl. Diagramm 4). Denn ab dem Jahr 2006 wurde jährlich eine zweistellige Anzahl an Ausschreibungen erreicht. Was wohl vorrangig auf den zunehmenden Markteintritt von privaten Anbietern in den tertiären Bildungssektor zurückgeführt werden kann. Auch sind einige zu Beginn des

Untersuchungszeitraums noch nicht etablierte Stellenprofile im Kontext der Exzellenzinitiative zu verzeichnen, die hier vor allem im Bereich der Geschäftsführung von Graduiertenakademien auftreten. Schwerpunkte hierbei liegen auf den Jahren 2009 und 2012, wo insgesamt mit 23 und 25 die höchsten Ausschreibungszahlen zu verzeichnen sind. So kann der Exzellenzinitiative und der mit ihr verbundenen Förderlinie der Graduiertenschulen ein direkter Effekt auf die quantitative Entwicklung des Stellenmarktes zugesprochen werden.

Diagramm 4: Häufigkeit Akademi(sch)e Geschäftsführungspositionen pro Jahr (2004–2013)

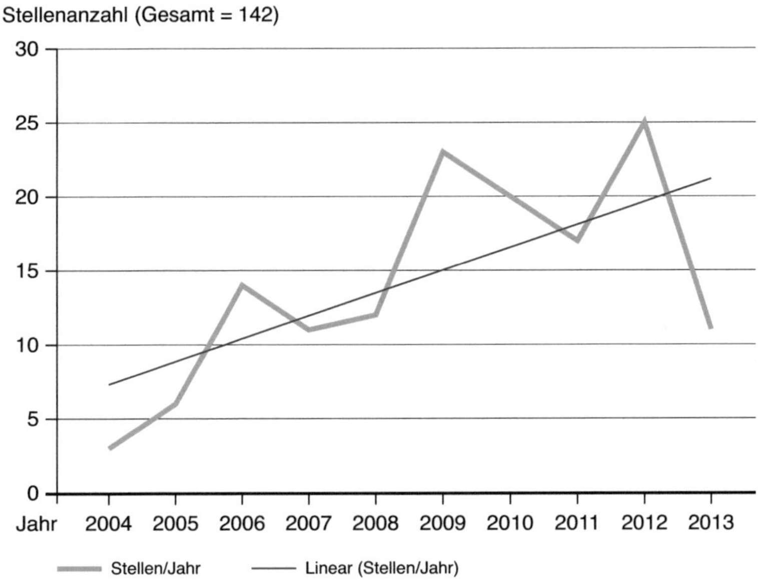

Jeweils mehr als 20 Vakanzen waren in den Jahren 2009, 2010 und 2012 vorzufinden. Und auch für 2010 waren immerhin noch zwei Ausschreibungen an Graduiertenakademien zu verzeichnen, was diese überdurchschnittliche Gesamtjahresausschreibungsanzahl mit zu erklären hilft. Alles in Allem kann somit von einer Verstetigung des Bereichs akademischer Geschäftsführung auf relativ hohem Niveau seit dem Jahr 2009 gesprochen werden, wobei das Jahr 2013 wieder auf das vorhergehende Niveau (ungefähr zehn Ausschreibungen) zurückgefallen ist. Im Vergleich zum Jahr vorher bedeutet das einen Rückgang um mehr als die Hälfte. Eventuell könnte dieser Rückgang mit einer gewissen Marktsättigung an Weiterbildungsangeboten des tertiären Sektors und dem im Zahlenvergleich mit 2013 gemessenen Höchstwert des vorhergehenden Jahres erklärt werden.

Sieht man sich nun die insgesamt elf Stellenausschreibungen im Bereich der Graduiertenakademien etwas genauer an, so entsprechen diese rein quantitativ 7,75 Prozent der im Zeitraum von zehn Jahren ausgeschriebenen Gesamtstellenanzahl. Ihre Spezifikation lässt sich in vier verschiedene Gruppen einteilen, wobei jeweils zwei mit ihrer hierarchischen Position korrelieren: einerseits die als Leitung der Geschäftsstelle der Graduiertenakademie und als Koordinatorenstelle der Graduiertenakademie hierarchisch an der Spitze angesiedelten Vakanzen, andererseits die im Status von akademischen Mitarbeitern oder Referenten ausgeschriebenen unterstützenden Vakanzen. Interessant ist in diesem Zusammenhang auch, dass in der zweiten Ausschreibungsrunde der Exzellenzinitiative mit den Universitäten Tübingen und Dresden sowie den bereits zuvor erfolgreichen Universitäten Heidelberg, Oldenburg und Hannover die Hochschulen ihre Vakanzen in der als Graduiertenschulen (Graduate School) bezeichneten Förderlinie explizit dem akademischen Bereich und nicht dem »schulischen« zuordnen.

Dass offensichtlich nicht alle Stelleninhaber die ganze Laufzeit, die mit der Förderperiode übereinstimmt, auf den Positionen geblieben sind, belegt die mehrfache Ausschreibung von zwei Stellen, einmal nach einem Jahr, in einem anderen Fall sogar bereits nach drei Monaten, was Hinweise darauf gibt, dass entweder im Rahmen der Probezeit das Beschäftigungsverhältnis beendet wurde oder dieses infolge eines Wechsels neu ausgeschrieben worden ist. Im Fall der ein Jahr später erfolgten Neuausschreibung der Universität Hannover kann anhand des Ausschreibungstextes eine Vertretung der Stelleninhaberin infolge einer Elternzeit (Heft 40 2010) nachgewiesen werden.

Fernerhin lässt sich aus den Texten der Vakanzen entnehmen, dass sowohl Referenten und akademische Mitarbeiter der Graduiertenakademien als auch die Leitungs- und Koordinationspositionen akademische Tätigkeitsmerkmale aufweisen und gleichzeitig etliche Merkmale der Geschäftsführung. Neben »Erfahrungen mit strukturierten Promotionsprogrammen« verlangte die Leibniz Universität Hannover in einem ihrer Ausschreibungstexte auch »Kenntnisse im Wissenschaftsmanagement« (Heft 50 2008) bzw. in einer späteren Ausschreibung etwas abgemildert »erste Kenntnisse im Wissenschaftsmanagement und in der strukturierten Doktorandenausbildung« (Heft 40 2010). Auf »Berufserfahrung – z.B. in der Wissenschaftsverwaltung« sollten auch die Kandidaten für die Position eines/einer Leiters/Leiterin der Geschäftsstelle der Graduiertenakademie der Ruprecht Karls Universität Heidelberg verweisen können (Heft 12 2009; Heft 15 2010). Die Universität Tübingen verlangte von ihren Kandidaten für die als »Koordinator/in der Tübinger Graduiertenakademie« in der *ZEIT* vom 28. Juni 2012 ausgeschriebene Stelle, wohl mit Bewerbungen von bereits in der ersten Ausschreibungsrunde in Graduiertenschulen Beschäftigten rechnend, mithin also auf den Aspekt der Professionalisierung setzend, »Erfahrungen im Management von Graduiertenschulen bzw. -kollegs oder in der Forschungsförderung (Management von Verbundforschungsprojekten oder größeren universitären Einrichtungen)« (Heft 27 2012).

Auf den immer wieder anzutreffenden Schnittstellencharakter der akademischen Geschäftsführung weist ein Ausschreibungstext der TU Dresden hin, der von den gesuchten Bewerbern für eine akademische Mitarbeit in der Graduiertenakademie eine Vernetzung »über die Grenzen der klassischen Wissenschaftsdisziplinen hinweg« voraussetzt und Persönlichkeiten sucht, die »Kenntnisse der Strukturen und Prozesse an einer Universität sowie der nationalen und internationalen Hochschullandschaft« und »Berufserfahrung im Wissenschaftsmanagement, idealerweise in der Unterstützung von Nachwuchswissenschaftler/-innen« vorzuweisen haben (Heft 45 2012). Das »Verständnis unterschiedlicher Wissenschaftskulturen« (Heft 49 2012) war ebenso, um den Gang durch die vielgestaltigen Aufgaben- und Einsatzfelder sowie die Kenntnisse und Fähigkeiten der Profilgruppe zu arrondieren, ein Kriterium. So suchte die Universität Oldenburg »eine engagierte Person mit ausgeprägten Kommunikations- und Kontaktfähigkeiten, Organisationsgeschick und der Bereitschaft, selbständig im Team zu arbeiten« (Heft 52 2012). Auffällig ist an den Ausschreibungen außerdem, dass sie fast allesamt über den Stellenmarkt der Wochenzeitung *DIE ZEIT* erfolgt sind und meistens ergänzend dazu noch parallel über die Regionalzeitung des Universitätsstandortes veröffentlicht wurden. In zwei zeitlich frühen Fällen im Rahmen der ersten Ausschreibungsrunde der Exzellenzinitiative erfolgte lediglich eine regionale Ausschreibung über die *Hannoversche Allgemeine Zeitung* bzw. die *Rhein-Neckar Zeitung*, was entweder auf bereits vorhandene Kandidaten und eine nur pro Forma wegen der Bewilligungsbedingungen verlangte öffentliche Ausschreibung hindeuten könnte oder darauf, dass erst noch Erfahrungen mit dem eventuell infolge der begrenzten Ausschreibung zu geringen Rücklauf auf die Bewerbungen gemacht werden mussten.

5.3.3 *Executive Director/Managing Director*

Ein vorrangig der Internationalisierung des Wissenschaftsbereichs geschuldetes Phänomen ist die Benennung von geschäftsführenden Tätigkeiten analog zum angelsächsischen Sprachgebrauch als »Executive Director« oder »Managing Director«, die eng mit den beiden zuvor beschriebenen Profilgruppen verwandt sind. Interessanterweise wurden die wenigen dieser hier kurz darzustellenden Vakanzen nicht geschlechtsdifferenziert ausgeschrieben, was infolge der unterschiedlichen Möglichkeiten, dem Allgemeinen Gleichstellungsgesetz auch in der sprachlichen Gestaltung von Ausschreibungstexten nachzukommen, mit der englischsprachigen Stellenbezeichnung eine weitere Variante hinzufügt. Für die Position »Executive Director« konnten im Untersuchungszeitraum von zehn Jahren lediglich fünf Ausschreibungen ausfindig gemacht werden, wovon eine jedoch für eine Stelle in den Vereinigten Staaten nicht direkt für die hier im Zentrum der Analyse stehende Entwicklung auf dem bundesrepublikanischen Arbeitsmarkt einschlägig ist. Etwas mehr, nämlich 13 Treffer, ergab die Suche nach Vakanzen für »Managing Director«. Eine bestimmte zeitliche Häufung der Stellen ist infolge der geringen Gesamtanzahl nicht zu erkennen.

Hingegen sind die Ausschreibungen für »Executive Director« infolge ihrer Ansiedlung etwa an einer Wirtschaftsfakultät oder infolge der Akquisition durch eine international agierende Stellenvermittlung mit einer gewissen Wirtschaftsnähe ausgezeichnet. So wurde beispielsweise für ein an der TU München angesiedeltes Joint Venture mit der Bertelsmann Stiftung, der Heinz Nixdorf Stiftung und dem Daimler-Chrysler-Fonds eine Person gesucht, die »in Absprache mit den zuständigen Hochschullehrern« und Projektpartnern ein internationales »Qualifizierungsprogramm für Unternehmenskommunikation aufbaut« (Heft 4 2004). Idealerweise sollte die Position von jemandem besetzt werden, der/die »bereits Erfahrungen mit Qualifizierungsprogrammen und Kenntnisse der deutschen/internationalen Hochschullandschaft« hat und überdies auch noch »Fingerspitzengefühl im Umgang mit unterschiedlichsten Kommunikationspartnern« aufweist sowie in der Lage ist »schwierige Situationen zu moderieren« (ebd.). Ähnliche Fähigkeiten, insbesondere »diplomatisches Geschick« (Heft 17 2008), wurden von einer weiteren Ausschreibung, die ein international agierender Rekrutierungsdienstleister im Auftrag eines nicht genannten Kunden im *Tagesspiegel* schaltete, als Einstellungsvoraussetzungen genannt. Zur Besetzung einer in Bonn angesiedelten Stelle als »Executive Director«

des »International Human Dimensions Programme on Global Environmental Change (IHDP)«, einer »international, interdisciplinary and non-governmental science organization«, wurde ebenfalls auf den Doppelcharakter der ausgeschriebenen Tätigkeit im Bereich der wissenschaftlichen Geschäftsführung verwiesen. Der gesuchte Kandidat sollte laut Ausschreibungstext sowohl akademische als auch geschäftsführerische Qualitäten haben, nämlich: »an international research reputation in a relevant social science discipline and [...] experience and knowledge about socio-economic, cultural, behavioural and institutional dimensions of the global environmental change research effort« sowie »excellent skills in staff developement, financial and office management« (Heft 22 2005).

Auffällig bei den Ausschreibungen der hauptsächlich im privatwirtschaftlichen Umfeld angesiedelten Positionen ist die fast in allen Fällen geforderte, mehrjährige Berufserfahrung, die zwischen fünf und zehn Jahren angegeben wird oder in Form von Umschreibungen als »ausgewiesene Expertise« (Heft 13 2005) oder »mehrjährige Erfahrung« (Heft 48 2005) Eingang in die Ausschreibungstexte gefunden hat.

Dem inhaltlichen Profil und der internationalen Ausrichtung der Betriebswirtschaftslehre folgend – und in gewissem Maße sicherlich auch bedingt durch die Antragssprache der Exzellenzinitiative – findet sich in der hier dargestellten Gruppe der Stellenbezeichnung »Managing Director« auch die Vakanz für eine »Geschäftsführerin/Geschäftsführer (Managing Director) der Cologne Graduate School in Management, Economics, and Social Sciences« (Heft 34 2008). Die Stelle, die von einer Person »mit Erfahrungen in der Wissenschaftskoordination sowie [mit] Kenntnisse[n] der internationalen Forschungslandschaft« wahrgenommen werden sollte, »ist insbesondere für die administrative Leitung der Graduiertenschule zuständig und arbeitet dem Akademischen Leiter zu. Die Tätigkeiten umfassen u.a. die eigenständige Betreuung der Finanzplanung und Budgetverantwortung, die Organisation des Kursprogramms, die Rekrutierung und Betreuung der Stipendiaten, die Koordination der Auslandsaufenthalte sowie das Vor- und Nachbereiten der Boardsitzungen« (ebd.). Ganz deutlich wird durch den zitierten Ausschreibungstext der supportive Charakter der Stelle, indem sogar zwischen der klein geschriebenen Tätigkeit der administrativen Leitung und der Position des mit Großbuchstaben geschriebenen »Akademischen Leiters«, dem der Stelleninhaber zuzuarbeiten hat, differenziert wird.

Die dem Modell der London School of Economics nachempfundene Hertie School of Governance in Berlin wird ebenfalls von einem

»Managing Director« geführt. Ende 2010 suchte die seit 2005 staatlich anerkannte private Hochschule einen ebensolchen »für die Hochschulleitung und Geschäftsführung« (Heft 43 2010). Gemeinsam mit dem »Dean« sollte laut Ausschreibungstext unter anderem die Reputation der Hochschule weiter ausgebaut werden. In der direkt an die Kandidaten gewandten Annonce wurde explizit zwischen der akademischen und nicht-akademischen Sphäre unterschieden: »Als administrativer Geschäftsführer steuern Sie alle nicht-akademischen Bereiche der Hertie School, insbesondere die Verwaltung, das Rechnungswesen und das Personal. Zudem obliegt ihnen die Regelung rechtlicher Fragen. Sie betreuen die relevanten Hochschulgremien und treiben aktiv den Ausbau des Netzwerks in Wirtschaft, öffentlichem Sektor und im Stiftungsbereich voran« (ebd.). Insofern die private Hochschule gerade auch wegen ihrer privatwirtschaftlichen Konstitution auf die Einwerbung von Drittmitteln angewiesen ist, wendet sich die Ausschreibung, um die Verzahnung von Wirtschaftssektor und Verwaltung zu fördern, an Personen, die ihre Führungsqualitäten »in unternehmerisch geführten Verwaltungen im Non-Profit-Sektor oder in der Privatwirtschaft bereits unter Beweis gestellt« haben (ebd.).

Eine dritte, unter den vorgenannten Aspekten ebenfalls interessante Ausschreibung ist diejenige der in München beheimateten My Finance Coach Stiftung GmbH, die mittels des Talentscout-Unternehmens »Talents4Good« einen »Managing Director« für das auf die Förderung von Wirtschaftskompetenz von Kindern angelegte Programm suchte. Dem Stelleninhaber werden im Ausschreibungstext in impliziter Abgrenzung von den strategischen Aufgaben »sämtliche Aufgaben der operativen Geschäftsführung, insbesondere Budgetplanung« übertragen (Heft 26 2013). Fernerhin wurde verlangt: »Akquise von weiteren Spendern als Kooperationspartner und Förderer; Verantwortung für finanzielle Ausstattung der GmbH; Personalverantwortung für ein Team von 10 bis 15 Mitarbeitern und zwei Abteilungsleitern; Verantwortung für Kommunikation (intern/extern) mit verschiedenen Stakeholdern (Konzerne bis NGO)« (ebd.). Für die leistungsbezogen bezahlte Position wurde, um auf den Aspekt der Professionalisierung zu sprechen zu kommen, außerdem Berufserfahrung in Führungspositionen mit disziplinarischer sowie Budget-Verantwortung von acht bis zehn Jahren vorausgesetzt. Der Ausschreibungstext enthält darüber hinaus, dass »idealerweise Erfahrung als Organ (Geschäftsführung, Vorstand etc.); Background in den Bereichen Finanzen, Bildung und öffentliche Fördermittel sowie Kontakte im sozialen Sektor« und eine ganze Reihe weiterer Erfahrungen, Fähigkeiten und Kompetenzen vorhanden sein sollten, um die hoch voraussetzungsvolle Position des »Managing Directors« begleiten zu können.

In den in dieser Rubrik präsentierten Ausschreibungen korreliert, um die Spezifika zusammenzufassen, die englischsprachige Benennung mit einem hohen Professionalisierungsgrad der gesuchten Bewerber und der Wirtschaftsnähe der Stellen. So ist »unternehmerisches Handeln« oder ein »Gespür für den richtigen Ton bei diversen Gruppen von Stakeholdern« (ebd.) ein weiterer, auch sprachlicher Hinweis auf die hohe Management- und Wirtschaftsaffinität der Positionen.

5.3.4 Generalsekretär/in

Allein schon aufgrund der überdurchschnittlichen Dotierung, die ungeachtet der vielmals anzutreffenden konkreten Angaben im Rahmen der B-Besoldung (B 3 bis B 9), beispielsweise »der Leitungsposition angemessen« (Heft 40 2013), »mit einer der Bedeutung der Position angemessenen Vergütung und entsprechenden sozialen Leistungen« (Heft 39 2010), »der Art und dem Umfang der Tätigkeit angemessen« (Heft 46 2009) oder »entsprechend ihrer Bedeutung im Rahmen der Vorschriften des öffentlichen Dienstes« erfolgt, und infolge der illustren Reihe der in dieser Gruppe vertretenen Arbeitgeber lässt sich erkennen, dass das Amt des Generalsekretärs (m/w) eine sehr herausgehobene Geschäftsführungsposition im Wissenschaftsbereich darstellt. Dass nicht viele Vakanzen in diesem Bereich innerhalb des Untersuchungszeitraums aufgetreten sind, legt ebenfalls die Vermutung nahe, dass es sich hierbei um besondere Positionen handelt, die zum Teil von erheblicher wissenschaftspolitischer Reichweite sind. Insgesamt wurden 21 Vakanzen für die Position »Generalsekretär/in« erfasst sowie zwei Mal eine Ausschreibung mit der Stellenbeschreibung »Referent/in (im Büro) des Generalsekretärs« (Heft 41 2012 und Heft 33 2013) und eine Vakanz als »ständige/r Vertreter/in des Generalsekretärs« (Heft 52 2011). Im Gegensatz zu anderen Kategorien ist hier die höhere Dienstposition wesentlich häufiger vertreten als supportive Referententätigkeiten ausgeschrieben sind. Nicht näher zu erklären ist eine zeitliche Massierung der Ausschreibungen in den Jahren 2008 und 2009, die mit zehn Vakanzen nahezu die Hälfte der 21 Generalsekretariats-Positionen ausmacht. Ein genauerer Blick auf die ausschließlich in überregionalen Zeitungen und Fachzeitschriften wie *DUZ* und *Forschung & Lehre* publizierten Ausschreibungstexte zeigt zwar, dass die Stellen oftmals Wahlämter auf Zeit sind, wobei die regelmäßige Dauer zumeist bei fünf Jahren liegt. Doch scheint dies keine hinreichende Erklärung für diese Massierung zu sein, da aus anderen Vakanzen erkenntlich wird, dass der bisherige Stelleninhaber in Ruhestand getreten ist oder die Wiederausschreibung gleichlautender Stellen innerhalb von recht kurzer Zeit belegt, dass nicht alle Amtsperioden vollständig ausgefüllt worden sind.

Von der Deutsch-Französischen Hochschule über verschiedene Akademien der Wissenschaften, das Cusanus-Werk, die Volkswagen-Stiftung, die Studienstiftung des deutschen Volkes, das Goethe-Institut, den Katholischen Akademischen Austauschdienst, den DAAD, die Alexander von Humboldt-Stiftung, die Wissenschaftsgemeinschaft Gottfried Wilhelm Leibniz, die Hochschulrektorenkonferenz, die Kommission der Geschichte des Parlamentarismus bis hin zum Alfred Wegener Institut erstreckt sich die illustre Liste der Arbeitgeber. Organisiert sind diese zumeist als Stiftungen oder eingetragene Vereine. So wird von Bewerbern etwa, verlangt, »sie/er führt die Geschäfte [...] im Sinne des Vereinsrechts« (Heft 47 2007), »Sie/Er führt die laufenden Geschäfte der Stiftung« (Heft 51 2009), »leitet die Geschäftsstelle nach den Richtlinien des Präsidiums und im Einzelfall getroffenen Entscheidungen des/der Präsidenten/-in gemäß § 26 der Ordnung der HRK« (Heft 37 2008) oder allgemeiner: »Nach den Richtlinien des Vorstandes führt der/die Generalsekretär/in die Geschäfte des Vereins in eigener Zuständigkeit« (Heft 46 2009).

Die weitere Inhaltsanalyse der voraussetzungsvollen Aufgaben- und Anforderungsprofile zeigt, dass die Bewerber viele Ansprüche zugleich bedienen müssen. Die Ausschreibung für den Generalsekretär der Deutsch-Französischen Hochschule Saarbrücken fordert, dass er »verantwortlich den binationalen Haushalt« (Heft 41 2004) aufstellt und Kenntnisse im Bologna-Prozess hat, außerdem noch »profunde Kenntnisse der beiden Hochschulsysteme, eine unmittelbare Erfahrung im Bereich der Hochschulkooperationen sowie insbesondere Erfahrungen in der konzeptionellen Entwicklung, Durchführung und Evaluation von Förderprogrammen« aufweist und im Rahmen des »bisherigen Wirkens Verwaltungserfahrung und Führungskompetenzen erworben« hat und »darüber hinaus vorzugsweise über juristische und wirtschaftswissenschaftliche Kenntnisse« verfügt (ebd.).

Geschäftsführungsaufgaben bilden den Kern der jeweiligen Tätigkeit, wie dies eine Annonce der Hamburgischen Akademie der Wissenschaften illustriert: »Die oder der von der Versammlung der Ordentlichen Mitglieder gewählte Generalsekretärin bzw. Generalsekretär führt die Geschäfte der Akademie und vertritt sie gerichtlich und außergerichtlich. Sie bzw. er ist Beauftragte/-r für den Haushalt und führt die Aufsicht über den Dienstbetrieb. Sie oder er berät und unterstützt den Präsidenten bei der Wahrnehmung seiner Aufgaben und nimmt strategische und operative Aufgaben für ihn und den Vorstand wahr« (Heft 16 2006). Voraussetzung dafür ist – unter Professionalisierungsgesichtspunkten besonders interessant – eine »langjährige Berufserfahrung in Wissenschaftsmanagement und Öffentlichkeitsarbeit« (ebd.). Von einer anderen Ausschreibung wird bestimmt: »Der Aufgabenbereich umfasst die Leitung und Geschäftsführung« (Heft 27 2006), wofür »Erfahrungen in Leitungsfunktionen des Wissenschafts- und Verwaltungsbereichs« (ebd.) gefordert sind, und woran sich der Doppelcharakter der Tätigkeit an der Schnittstelle von Akademie und Administration festmachen lässt. Deutlich wird das aus einer weiteren Ausschreibung, wo es heißt, der »Schwerpunkt der Aufgaben liegt in der Koordination und Organisation der wissenschaftlichen und administrativen Aufgaben und Ziele« (Heft 51 2008). Auch wird die Aufgabe als »administrative und inhaltliche Unterstützung der Gremien und Einrichtungen« (Heft 46 2009) beschrieben. Ähnlich, allerdings auf das Anforderungsprofil umgemünzt, ist dies ebenfalls vom Generalsekretär des Wissenschaftsrates gefordert, der eine Persönlichkeit sein soll »mit umfassenden Kenntnissen und Erfahrungen in der Wissenschaftsverwaltung« (Heft 51 2007). Die analysierten Vakanzen signalisieren ein recht homogenes, höchst voraussetzungsvolles Profil mit deutlichem Schwerpunkt auf Geschäftsführungsaufgaben.

5.3.5 Präsidialbereich

Die Analyse der ausgeschriebenen Stellen im Präsidialbereich ergab aufgrund der ersten Datenbankabfrage mit dem Suchwort »Präsident« in der Rubrik »Stellenbezeichnungen« 154 Treffer. Nach erster Grobkategorisierung und Aussortierung der Präsidentenämter im nichtwissenschaftlichen Bereich, wie zum Beispiel Vakanzen für Präsidenten von Ämtern und Behörden auf Bundes-, Länder- und interkommunaler Ebene oder von Einrichtungen der Sozialfürsorge und aus dem Umfeld der Politik, sowie nach weiterer Aussonderung der im Ausland angesiedelten Vakanzen und gelegentlicher Mehrfachausschreibungen verblieben mit 125 Stellenausschreibungen 81,2 Prozent der in der Datenbankabfrage ursprünglich ausfindig gemachten Stellen.

Die überwiegende Mehrzahl der 125 Vakanzen im Präsidialbereich ist an Hochschulen angesiedelt, wobei vereinzelt auch außeruniversitäre Wissenschaftseinrichtungen, wie der DAAD (Heft 18 2013), oder mit Universitäten assoziierte Institutionen, wie das Institut für Wirtschaftsforschung Halle (Heft 21 2013), als Arbeitgeber auftreten. Von den insgesamt 125 Stellen sind 25 Ausschreibungen direkt für Präsidentenämter. Im Zeitreihenvergleich sind mit jeweils sechs Vakanzen in den Jahren 2004 und 2010 die relativ meisten Ausschreibungen anzutreffen. Ansonsten sind eine bis drei Ausschreibungen pro Jahr zu verzeichnen. Die Ämter für Vizepräsidenten sind mit 19 einschlägigen Vakanzen etwas weniger häufig vorhanden als diejenigen für Präsidentenposten. Wesentlich häufiger, insofern sie die größte Gruppe bilden, sind dahingegen supportive Stellen im Präsidialbereich. Vornehmlich handelt es sich hierbei um Referentenposten und wesentlich seltener als beispielsweise im Dekanats- und Fakultätsbereich (s.u. Kapitel 5.3.7 und 5.3.8) auch in einigen Fällen um Assistentenstellen. Genauer ist das sogar nur bei 4 Ausschreibungen der Fall. Die gesamte Gruppe umfasst 81 Referenten- und Assistenten-Stellen. Mit 33 Vakanzen überwiegt hierbei die Bezeichnung »persönliche/r Referent/in der Präsidentin/des Präsidenten«, was auf die besondere unterstützende Ausrichtung der Tätigkeit auf den männlichen oder weiblichen Dienstvorgesetzten verweist. 17 Mal kommt die etwas neutralere Benennung als »Referent/in des/der Präsidenten/Präsidentin« vor. 15 weitere Referenten-Stellen sind im Bereich von Vizepräsidenten angesiedelt. Neun Stellen wurden als »wissenschaftliche/r Referent/in« ausgeschrieben, wobei diese in einigen Fällen genauere Spezifikationen des Tätigkeitsfeldes enthalten. Um zwei Beispiele zu nennen: »Projektmanagement« oder »Berufungsangelegenheiten« (beide Heft 24 2012, LMU München). Insbesondere in den jüngeren Ausschreibungen ist eine solche inhaltliche Ausdifferenzierung zu beobachten gleichwie die beiden vorgenannten Beispiele nahelegen, dass eine inhaltliche Ausdifferenzierung der Referententätigkeiten infolge der größeren Aufgabendichte und der vorhandenen Personalbudgets vorrangig bei größeren Universitäten anzutreffen ist. Dies gilt übrigens auch für die zum wesentlichen Teil hauptamtlich versehenen Vizepräsidentenpositionen, bei denen ebenfalls eine zunehmende inhaltliche Aufgliederung der Tätigkeitsprofile zu bemerken ist. So sind etwa Stellen für Vizepräsidenten mit den Bereichen »Personal und Finanzen«, »Wirtschafts- und Personalverwaltung«, »Akademisches Management«, »Studium und Lehre«, »Lehre und Akademische Angelegenheiten«, »Berufungsangelegenheiten und Personalentwicklung«, »Lehre und Internationales«, »Forschung und Nachwuchsförderung« oder »Forschung« bei der Durchsicht des empirischen Materials aufgefallen, um einige illustrative Beispiele zu nennen und damit zugleich auf die Vielfalt der in diesem Bereich zuweilen per »Geschäftsverteilungsplan« (vgl. Heft 14 2005) definierten Aufgabenfelder zu verweisen.

Weitere Besonderheiten in der Untergruppe der Referenten sind – vergleichbar zu den eben erwähnten Vizepräsidenten-Stellen – inhaltlich spezifizierte Vakanzen, wie die eines/einer »Gremienreferent/in des Präsidenten« an der Hochschule für Wirtschaft und Recht in Berlin (Heft 7 2011) oder eines/einer »Referent/in des Präsidenten, Schwerpunkt Organisations- und Gremienentwicklung« an der Zeppelin Universität in Friedrichshafen (Heft 8 2011). Auffällig ist hier erneut, dass diese vergleichsweise ungewöhnlichen Vakanzen von reformorientierten Hochschulen mit gewisser Wirtschaftsaffinität ausgeschrieben wurden. In einem Fall wurde am Wissenschaftszentrum Berlin für Sozialforschung eine Stelle mit der Bezeichnung »Wissenschaftlich-administrative/r Referent/-in für den Präsidialbereich« (Heft 31 2007) geschaffen.

Um die Analyse mit der Fragestellung nach dem spezifischen Geschäftsführungsprofil fortzusetzen, sollen nun ausgehend von dieser wissenschaftlich-administrativen Vakanz am WZB die Aufgaben- und Einsatzfelder sowie die erwarteten Kenntnisse und Fähigkeiten näher beleuchtet werden. Zu den im Ausschreibungstext definierten Aufgaben gehören: »Koordination und Organisation der Berufungsausschüsse und weiterer Kommissionen, der Nachwuchsförderung, des Forschungscontrollings, der administrativen Angelegenheiten der Forschungseinheiten im Präsidialbereich und Zusammenarbeit mit der Verwaltung des WZB, Unterstützung der Öffentlichkeitsarbeit der Forschungseinheiten im Präsidialbereich, Unterstützung bei weiteren Aufgaben im Präsidialbereich« (Heft 31 2007).

Unterstützungs-, Organisations-, Konsultations-, Schnittstellen-, Kooperations- sowie Vor- und Nachbereitungsfunktion stehen bei Referenten-Stellen im Vordergrund, wie eine Vakanz an der Helmut Schmidt Universität der Bundeswehr und weitere Ausschreibungsprofile zeigen, wo die »Beratung und administrative Unterstützung des Präsidenten bei der Ausübung seines Amtes« (Heft 27 2010; identisch formuliert auch in Heft 30 2007 »Persönliche Referentin/Persönlicher Referent des Präsidenten«, Universität Koblenz-Landau) als Aufgabe genannt sind, oder an der Jacobs University Bremen angesiedelt die »Unterstützung des Präsidenten bei allen planerischen, administrativen und organisatorischen Aufgaben; Assistenz bei und in Einzelfällen auch Leitung und Steuerung von operativen und strategischen Projekten; Koordinationsaufgaben an der Schnittstelle zwischen dem Präsidenten, den Deans und dem Management Team; enge Kooperation mit der Abteilung Ressource Development bei der Kontaktpflege zu Partnern aus dem Bereich

Politik, Wissenschaft und Wirtschaft; in Einzelfällen Vertretung des Präsidenten in Gremien, Arbeitsgruppen und bei Veranstaltungen, Besucherbetreuung; Vor- und Nachbereitung von Sitzungen auf nationaler und internationaler Ebene; Vertretung der Forschung in der öffentlichen Diskussion über aktuelle wissenschaftliche Themen« (Heft 9 2008).

Schwerpunktmäßig liegen die in den Ausschreibungen genannten Tätigkeiten im Bereich der »Planung, Organisation und Koordination der administrativen Aufgaben« (Heft 34 2010). So wird in einer Ausschreibung, direkt an die Interessenten gerichtet, zum Tätigkeitsspektrum ausgeführt: »Als Referentin bzw. Referent unterstützen Sie die Arbeit des Vizepräsidenten in administrativer und organisatorischer Hinsicht« (Heft 38 2010). Ähnlich ist dies in einer Vakanz für die Referentin bzw. den Referenten des Präsidenten der Hochschule Osnabrück formuliert, wo die »Unterstützung und Entlastung des Präsidenten in der operativen Arbeit; Koordination der Geschäftsprozesse« (Heft 50 2012) im Vordergrund stehen. Lapidarer umreißt eine Annonce der Universität Regensburg, die einen persönlichen Referent bzw. eine persönliche Referentin sucht, das wissenschaftsadministrative Aufgabenprofil mit »Koordinierung der Geschäftsaufgaben« (Heft 43 2013). Ähnlich ist das in einer Stellenanzeige der TU München der Fall, wo es heißt, der »Position obliegen wissenschaftsadministrative Aufgaben« (Heft 24 2012). Eine Besonderheit aufgrund der organisatorischen Konstitution der »Stiftung Universität Hildesheim« ist die von der Position »Referent/in des Präsidenten« geforderte »Geschäftsführungsassistenz für den Stiftungsrat« (Heft 20 2007 sowie Heft 15 2012).

Was die vorausgesetzten (Berufs-)Erfahrungen anbelangt, spielt hier durchweg das Wissenschaftsmanagement eine wichtige Rolle. Beispiele dafür, die auf allen Ebenen vom Präsident bis zur Büro-Assistenz stets wieder anzutreffen sind und Belege für einen Professionalisierungsprozess darstellen, wären: »Erfahrungen im Wissenschaftsmanagement« (Heft 9 2008), »erste Erfahrungen im Wissenschaftsmanagement« (Heft 38 2010) oder »idealerweise erste Erfahrungen im Wissenschaftsmanagement und im Umgang mit den verschiedenen Zielgruppen im Wissenschaftsbereich« (Heft 6 2012). Fernerhin werden gesucht: »praktische Erfahrungen im Wissenschaftsmanagement, insbesondere im Projektmanagement« (Heft 24 2012) oder Personen, »idealerweise mit Berufserfahrung im Wissenschaftsmanagement« (Heft 21 2013). Bei einzelnen Referentenstellen sind sogar »mehrjährige Berufserfahrung im Wissenschaftsmanagement« (Heft 22 2013) Einstellungsvoraussetzung.

Schaut man auf die höheren Leitungspositionen, so ist diese Tendenz ebenfalls vorhanden, wobei sie sogar zeitlich früher einsetzt. Im Vergleich zu den Referentenpositionen, die erst allmählich diese Anforderung in die Ausschreibungen aufnehmen, ist bei den Präsidenten- und Vizepräsidenten der Verweis auf Erfahrungen im Wissenschaftsmanagement bereits zu Beginn des Untersuchungszeitraums als Bestandteil des Ausschreibungstextes üblich: Für das Präsidialamt einer Hochschule werden bereits im Jahr 2004 »Erfahrung in Lehre und Forschung, der akademischen Selbstverwaltung oder im Wissenschaftsmanagement« (Heft 7 2004) gefordert. Ein Universitätspräsident, der ein Jahr später gesucht wurde, sollte eine »Persönlichkeit« sein, »die auf eine erfolgreiche Karriere in der Wissenschaft und/oder im Wissenschaftsmanagement innerhalb und/oder außerhalb von Universitäten« zurückblicken kann (Heft 7 2005). Und der Vizepräsident, den die TU Braunschweig 2009 suchte, sollte »idealerweise in einer Führungsposition im Wissenschaftsmanagement« Erfahrungen gesammelt haben und »nicht nur mit modernen Steuerungsinstrumenten vertraut« sein, sondern »sehr gute Kenntnisse im Management von Veränderungsprozessen« (Heft 20 2009) besitzen.

Wesentlich weniger wird dahingegen der Aspekt der klassischen Verwaltungstätigkeit und Hochschuladministration berücksichtigt. So sollte der Referent bzw. die Referentin des Vizepräsidenten der Universität Erlangen-Nürnberg Freude »an einer eigenverantwortlichen Tätigkeit in der Administration [...] finden und über Erfahrungen im Wissenschaftsmanagement verfügen« (Heft 49 2007). Eine Referenten-Stelle, die zwei Vizepräsidenten zugordnet ist, verlangt von den Bewerbern »Berufserfahrung im Wissenschaftsmanagement / in der Wissenschaftsadministration« (Heft 6 2010).

Der Aspekt der Professionalität wird sogar in zwei Annoncen explizit aufgegriffen, die jeweils eine Assistenz des Präsidenten ausschreiben und überdies instruktiv den Einzug unternehmerischen Denkens in deutsche Hochschulleitungen belegen: »Gemeinsam mit der Büroleitung des Präsidenten« soll die Assistenz »das Büro mindestens so professionell wie für den Vorstand eines börsennotierten Unternehmens« (Heft 44 2008) leiten oder, wie es in einer zweieinhalb Jahre später verfassten Ausschreibung lautet, sollte die gesuchte Person »als Teil eines vierköpfigen Teams das Büro des Präsidenten in charmanter Professionalität so (führen), dass Vorstände von Dax-Unternehmen neidisch wären, Familienunternehmen und Studierende sie umarmen würden und andere Universitäten staunen« (Heft 23 2011).

5.3.6 Rektorats- und Direktoratsbereich

Für den Suchbegriff »Rektor«, der an dieser Stelle neben den neuartigeren Benennungen als Präsident oder wirtschaftsaffiner: Vorsitzender des Vorstandes thematisiert werden soll, ergaben sich aus der Gesamtsumme der Stellenausschreibungen unter der Rubrik »Stellenbezeichnung« insgesamt 901 Treffer. Dies bedeutet, dass im statistischen Durchschnitt 90 Stellen pro Jahr ausgeschrieben wurden, wobei die Werte natürlich infolge der Ausschreibungskonjunktur um diesen mathematisch ermittelten Durchschnittswert herum schwanken. Die hier zu erwartenden Positionen von Schul-Direktoren sind insofern nicht Bestandteil der Suchresultate, da der Informationsdienst *Arbeitsmarkt Bildung – Kultur – Sozialwesen* dafür eine eigene Rubrik, nämlich »2. Schulen, Aus- und Weiterbildung«, hat. Auch schränkt die fachlich-inhaltliche Ausrichtung des Stelleninformationsdienstes auf das klassische Spektrum der Geistes- und Sozialwissenschaften verständlicherweise die Zahl der auftretenden Vakanzen ein. Infolge der automatisierten Suchfilterabfrage im Rahmen der MS-Access-Datenbank-Recherche bedeutet dies außerdem, dass sich unter den genannten Stellenbezeichnungen auch diejenigen von »Di-Rektoren« verbergen können und eventuell auch andere, diesen Wortbestandteil beinhaltende Positionen, wie beispielsweise »Direktor/in Landeszentrale für Politische Bildung« (Heft 20 2004) oder »stellvertretende/r Direktor/in des Statistischen Landesamtes Berlin« (Heft 22 2004), welche nur mittelbar dem Feld der wissenschaftlichen Geschäftsführung zuzuordnen sind. Zahlenmäßig ist es sogar so, dass die im Stelleninformationsdienst zusammengetragenen Direktoren-Stellen die Rektorenstellen bei weitem überwiegen.

Während des Archivaufenthaltes wurden wegen der großen Treffermenge Stichproben ausgewählt. Sie umfassen drei distinkte Jahre innerhalb des zehnjährigen Untersuchungszeitraums. Gewählt wurden das erste und das letzte Jahr der Erhebungsperiode (2004 und 2013) sowie das zwar infolge der geraden Gesamtanzahl der zehn Jahre nicht ganz in der Mitte liegende, aber infolge seiner anderweitig für den Bereich der akademischen Geschäftsführung festgestellten, überdurchschnittlichen Verknüpfung mit Vakanzen im Rahmen der Exzellenzinitiative vermutlich ebenfalls interessante Jahr 2009. Diese drei Jahrgänge wurden inhaltsanalytisch miteinander verglichen, wobei der Schwerpunkt des Vergleichs auf den Stellenbezeichnungen sowie dem Aufgabenspektrum und dem Kompetenzprofil lag.

Ausgehend vom statistischen Durchschnittswert von gerundet 90 Stellen (901/10=90,1) pro Jahr ist das Jahr 2004 mit 66 Ausschreibungen eher unterrepräsentiert. Im Jahr 2009 wurde mit 89 Suchergebnissen fast genau der errechnete Durchschnittswert erreicht. Das dritte im Rahmen der Stichprobe genauer zu analysierende Jahr 2013 erbrachte 104 Treffer. Im Zeitreihenvergleich ergibt sich aus dem rein statistisch erhobenen, nicht gewichteten Material also ein Anstieg der ausgeschriebenen Vakanzen, der, wenngleich mit wenigen Ausnahmen über die weiteren Jahre hinweg, als längerfristiger Trend bezeichnet werden kann. Der Rückgang auf 78 Treffer im Jahr 2010 kann eventuell mit der infolge der Wirtschafts- und Finanzkrise bedingten Krise der öffentlichen Haushalte in diesem Zeitraum erklärt werden.

Bei den Direktionsposten im Institutsbereich ist, um auf die Ebene der qualitativen Inhaltsanalyse für die umschriebene Stichprobe überzuwechseln, charakteristisch, dass diese eine Doppel- oder gar Mehrfachfunktion umfassen. So wird dies zum Beispiel formuliert in der multiplen Stellenbezeichnung »Vorsitzende/r des Vorstandes des Deutschen Übersee-Instituts zugleich Direktor/in des Instituts für allgemeine Überseeforschung. Die Stelle ist verbunden mit einer Professur an der Universität Hamburg« (Heft 02 2004). In der Ausschreibung des von der Wissenschaftsgemeinschaft Gottfried Wilhelm Leibniz getragenen Instituts handelt es sich also formal um eine Dreifachfunktion, die zudem in inhaltlicher Weise die Vermittlung zwischen weiteren Tätigkeitsfeldern und Kompetenzen voraussetzt. Beispielsweise wird für die genannte Vakanz von Teilnehmern an der Ausschreibung eingefordert: »Die Kandidatin oder der Kandidat muss über Erfahrungen im Forschungsmanagement und in der Vermittlung von Forschungsergebnissen in der Öffentlichkeit verfügen« (ebd.). Die am häufigsten in diesem Bereich anzutreffende Variante ist jedoch eine Doppelfunktion, einerseits in Form der Leitungsposition, andererseits in Form einer Universitätsprofessur, wie dies beispielsweise bei einer Ausschreibung des als gGmbH konstituierten Wissenschaftszentrums für Sozialforschung (WZB) in Berlin im Jahr 2004 der Fall gewesen ist (Heft 16 2004) oder ebenso bei einer mit »Professor/in als Direktor/in« bezeichneten Vakanz an der Berufsakademie Mosbach vorkam, welche die Leitungsposition der inzwischen als Duale Hochschule fungierenden Einrichtung umfasste (Heft 51 2004). Das Tätigkeitsfeld der wissenschaftlichen oder akademischen Direktion kennzeichnet, um die ersten Erkenntnisse zu resümieren, also vorrangig die Verbindung von wissenschaftlicher Direktion mit einer Professur (z.B. Heft 2 2005 u.ö.). Sie weist aber auch explizit auf Geschäftsführungsaufgaben der Stelleninhaber hin.

Eine Vakanz aus dem Jahr 2004, die Bewerber für die Direktion der »Fachhochschule für öffentliche Verwaltung und Rechtspflege« sucht, ist gemäß der früher engeren Verwobenheit von staatlichen Mittelgeber und staatlichen Hochschulen im Geschäftsbereich des Innenministeriums von Mecklenburg-Vorpommern angesiedelt. Damit geht der Ausschreibungstext sogar direkt auf die Geschäftsführungsfunktion der Leitungsperson ein. Über das Aufgabenprofil der Kandidaten informiert er: »Sie/Er ist für die Erledigung der Geschäfte der laufenden Verwaltung zuständig und entscheidet über alle zentralen Angelegenheiten, soweit sie nicht anderen Stellen oder Organen der Fachhochschule übertragen sind« (Heft 19 2004).

Auch lässt sich aus dem Stichprobenmaterial eine Untergruppe »Akademische/r Direktor/in« bzw. »wissenschaftlicher Direktor« herausdestillieren, deren Anstellung zumeist an Hochschulen vorgenommen wird und gleichzeitig die Leitung eines hochschuleigenen Instituts oder eines über die Konstruktion des An-Institutes assoziierten Institutes umfasst. Hierzu zählen etwa Leitungspositionen für ein »Institut für Weiterbildung« (Heft 2 2004) oder die »ständige Leitung der Hochschuleinrichtungen für Informationstechnologie und Medien« durch einen akademischen Direktor (Heft 15 2004). Anhand von beiden hier genannten, an für das Baden-Württembergische Hochschulsystem typischen Pädagogischen Hochschulen angesiedelten Stellen lässt sich auch die Einbindung dieser vor ungefähr zehn Jahren ausgeschriebenen Vakanzen in die herkömmlichen Hochschulstrukturen erkennen. Dort wird gemäß der seinerzeit noch stärker auf den staatlichen Mittelgeber ausgerichteten hochschulfinanzrechtlichen Bestimmungen das »Budget-, Haushalts- und Personalmanagement innerhalb der o.g. Hochschuleinrichtungen« dem Stelleninhaber qua Amtswegen vom Dienstherren »übertragen« (Heft 15 2004). Und die von der inzwischen im KIT aufgegangenen TH Karlsruhe publizierte Stellenannonce für eine/n »akademische/n Direktor/in des Instituts für Sport und Sportwissenschaft« verlangt neben der »Durchführung von Lehrveranstaltungen, Studiengangsleitung sowie Studienberatung« explizit die »Übernahme von Verwaltungsaufgaben« (Heft 34 2004). Damit betont auch sie die traditionelle Einbindung in den staatlichen Hochschulkontext. Von Managementfähigkeiten oder gar von Wissenschaftsmanagement ist in den Ausschreibungen des Jahres 2004 noch kaum die Rede.

Ein früher Reflex auf die zunehmende Qualitätsdebatte im Bildungssektor ist die vom Hessischen Kultusministerium ausgeschriebene Stelle »Direktor/in des Instituts für Qualitätsentwicklung«, die sich allerdings nicht auf den Hochschulbereich, sondern auf das Schulwesen bezieht. Dennoch lassen die geforderten Kompetenzen eine Einordnung an der Schnittstelle von Wissenschaft und Leitung bzw. Verwaltung zu, indem

»Erfahrungen in der Lehreraus- und Fortbildung, Leitungserfahrung in der Bildungsverwaltung, Erfahrungen in der Kooperation mit Wissenschaft, Bildungspolitik, Bildungsforschung, Bildungsverwaltung und pädagogischer Praxis« (Heft 35 2004) vorausgesetzt werden.

Eindeutiger auf die Geschäftsführungstätigkeit hin ausgerichtet ist die 2004 am »Zentrum für Allgemeine Wissenschaftliche Weiterbildung der Universität Ulm ausgeschriebene Stelle für eine Geschäftsführung in der laufbahnrechtlichen Position eines/r Akademischen Direktors/in. Deutlich wird in der Ausschreibung zwischen der Leitungsaufgabe, die von einem Vorstand vorgenommen wird, und der Geschäftsführung unterschieden. In diesem Rahmen obliegen dem Geschäftsführer »neben der Führung der laufenden Geschäfte und der Einwerbung und Durchführung von Drittmittelprojekten auch die Personal- und Führungsverantwortung« (Heft 40 2004). Gefordert sind ebenso »Erfahrung in akademischen Verwaltungsangelegenheiten (unter anderem Finanzplanung und -abwicklung, Drittmittelakquirierung, Personalführung etc.)« (ebd.).

Ähnlich ist dies bei der Position »Geschäftsführende/r Direktor/in« am Deutschen Auswandererhaus in Bremerhaven. Als unerlässliche Einstellungsvorausstzung wurde für diese Position, die dadurch und infolge der geforderten inhaltlichen Kenntnisse am Rande dem Bereich der wissenschaftlichen Geschäftsführung zugeordnet werden kann, eine Promotion genannt. Zusätzlich wurde »das Vermögen zu einer wirtschaftlichen Führung des Hauses«, also die betriebswirtschaftliche Komponente der Vakanz des von einer GmbH getragenen Museums, im Ausschreibungstext betont (Heft 41 2004). Ebenfalls im Randbereich der wissenschaftlichen Geschäftsführung zu verorten ist die auch als »geschäftsführende Direktion« bezeichnete Vakanz des als gemeinnützige GmbH konstituierten Evangelischen Zentralinstituts für Familienberatung: »Der Direktor ist verantwortlich für Fachlichkeit, sozial-ethische Positionierung und Wirtschaftlichkeit der Institutsarbeit« (Heft 42 2004). Überdies werden von den Bewerbern erwartet: »Beratungs- und Lehrerfahrung, Führungs- und Planungskompetenz, Organisationsdenken, wirtschaftliche Kenntnisse und Managementerfahrung, Innovationsbereitschaft« (ebd.).

»Herausragende Forschungsleistungen, internationale Visibilität und organisatorische Erfahrungen« (Heft 46 2004) waren Voraussetzungen für die zwei von der Max-Planck-Gesellschaft zur Förderung der Wissenschaften ausgeschriebenen Direktor/inn/en-Positionen am MPI für Geschichte in Göttingen. In der Ausschreibung wird jedoch nicht ausdrücklich auf weitere administrative Fähigkeiten eingegangen, sondern steht, wie tendenziell in den meisten der bisher gesichteten Stellen des Jahrgangs 2004, die wissenschaftliche Reputation der Kandidaten im Vordergrund.

Die vom Präsidenten der Universität Hamburg ausgeschriebene Stelle »Wissenschaftliche/r Direktor/in« des Instituts für Friedens- und Sicherheitspolitik (IFSH) zeigt diese enge Verknüpfung von Institution, Reputation und Funktion auch darin, dass ein gemeinsames Berufungsverfahren von Universität und Institut zur Bewerberauswahl eingesetzt wurde. Überdies werden die Kandidaten aufgefordert, die verschiedenen Tätigkeitsfelder und Funktionen in ihren Bewerbungsunterlagen zu berücksichtigen. Ihnen wird nahegelegt, Bewerbungen einzusenden mit »tabellarischem Lebenslauf, vorerst nur Schriften- und Lehrverzeichnis und einer Darlegung der Forschungs- und Lehrerfahrung sowie der Vorstellungen zur Wahrnehmung der Leitungs-, Forschungs- und Lehraufgaben« (Heft 24 2004). Auch hieraus geht die Doppelgestaltigkeit der Positionen hervor, die die zumeist im Vordergrund stehenden wissenschaftlichen Aufgaben der Forschung und Lehre mit dem Aspekt der Leitung verbindet. Demzufolge wird auch eine »wissenschaftlich ausgewiesene Persönlichkeit mit Erfahrung in der Organisation und Koordination interdisziplinärer Forschung und Lehre« gesucht (ebd.).

Einstellungsvoraussetzungen sind insbesondere, was die Doppelfunktionen von Institutsdirektoren anbelangt – übrigens in vielen Fällen sogar explizit genannt –, die einschlägigen Landeshochschulgesetze und deren Regelungen für die Ernennung von Professoren und Professorinnen, worüber sich ebenfalls eine stärkere Akzentuierung der akademischen bzw. wissenschaftlichen Komponente ausdrückt.

In den auch laufbahnrechtlich mit bestimmten Dienstgraden geregelten Hoheitsbereich der Hochschulkanzlers fielen im Jahr 2004 auch die als »Regierungsdirektoren« bezeichneten Positionen, wie sie exemplarisch von der Kanzlerin der Universität Mannheim ausgeschrieben wurde für die Position »Dezernent/in als Leiter/in des Dezernates allgemeine Hochschulfragen, Forschungsförderung, Organe, Wahlen, Planung, Entwicklung und Controlling (Regierungsdirektor/in)« (Heft 47 2004). Insofern verwundert nicht, dass Bewerber auf diese Stellen in der Zentralverwaltung der Universität Mannheim auch die laufbahnrechtlichen Voraussetzungen für den höheren Verwaltungsdienst mitbringen sollten. Im Ausschreibungstext des Staatsanzeigers Baden-Württemberg spiegeln sich die Veränderungen der Rahmenbedingungen infolge des New Public Management-Ansatzes und darüber vermittelt des Selbstverständnisses der universitären Zentralverwaltung wider: »Die sich dynamisch entwickelnden Rahmendbedingungen des Hochschulsektors stellen die Universität vor hohe Anforderungen. Vor diesem Hintergrund gehört es zu den wesentlichen Zielen der Zentralverwaltung, ihre Dienstleistungsfunktion zielstrebig und innovativ auszubauen« (ebd.).

Ob sich diese Dynamik auch in den Ergebnissen der Inhaltsanalyse für das Jahr 2009 erkennen lässt, soll neben der allgemeinen Auswertung nach bemerkenswerten Besonderheiten nun anhand von ausgewählten Stellenannoncen aus der Gesamtmenge dieses Jahrgangs (89 Treffer) dargestellt werden. Ein Aspekt, der bislang noch nicht im Rahmen der Darstellung dieser Profilgruppe berücksichtigt wurde, sind Positionen wie etwa »persönliche/r Referent/in des Direktors« oder »Referent/in des Direktors/Forschungs- und EU-Referent/in« (beide Heft 1 2009), wie sie anfangs 2009 vom Deutschen Jugendinstitut e.V. oder dem Leibniz-Institut für Länderkunde e.V. ausgeschrieben wurden. Beide Ausschreibungen legen die jedoch nicht statistisch exakt belegbare Vermutung nahe, dass überproportional viele der Direktions-Ämter von Direktoren ausgeübt werden, insofern in beiden vorgenannten Beispielen ein/e Referent/in des Direktors gesucht wurde. Was die Tätigkeitsbereiche dieser Stellen anbelangt, können sie in gewissen Teilen der Geschäftsführung im Wissenschaftsbereich zugerechnet werden, weil neben den fachlich-inhaltlichen Anforderungen auch Aufgaben wie etwa Berichtswesen oder die »Unterstützung des Direktors in strategischen und organisatorischen Belangen« genannt sind und »kommunikative, teamfähige und serviceorientierte« Bewerber gesucht wurden, oder sich neue Aufgabenfelder wie »internationale Akkreditierung und Qualitätsmanagement« widerspiegeln (Heft 6 2009). Insgesamt ist zu beobachten, dass diese Art von Support-Stellen »zur operativen Unterstützung [...] bei der Ausübung des Amtes« (Heft 39 2009; ähnlich Heft 52 2009) oder zur »Unterstützung des Rektorats in inhaltlicher und organisatorischer Hinsicht« (Heft 51 2009), etwa in Form von persönlichen Referent/inn/en auf Leitungs- und Stellvertretungsebene (Rektorat/Prorektorat), im Vergleich zu 2004 merklich zugenommen hat. Zumeist sind diese als Stabsstelle organisatorisch mit dem Rektorat verbunden (z.B. Heft 47 2009). Auch haben inzwischen vermehrt hauptamtliche Prorektoratsposten, verursacht durch die Notwendigkeit, »die Weiterentwicklung und Profilierung von Lehre und Studium im Rahmen des Bologna-Prozesses (Qualitätssicherung, Internationalisierung)« voranzubringen, Einzug in die Stellenannoncen gehalten (z.B. Heft 9 2009 und Heft 46 2009).

Die auch im Jahrgang 2009 in einzelnen Fällen auftretenden Positionen von Akademiedirektor/inn/en wurden bereits an anderer Stelle ausführlich unter dem Typus der akademischen Geschäftsführung (s.o.

Kapitel 5.3.2) dargestellt. Ebenfalls zu nennen sind in diesem Zusammenhang die recht oft ausgeschriebenen Direktorenpositionen der in Trägerschaft der Bundesländer befindlichen Institute für Lehrer-Aus- und Fortbildung, die allerdings in ihren Spezifikationen kaum Anteile an wissenschaftlicher Geschäftsführung aufweisen, da die Schulseminare im Vergleich zu den Hochschulen noch stärker im System der Landesverwaltung angesiedelt sind und infolgedessen weniger eigenständige administrative oder gar dem Wissenschaftsmanagement nahekommende Aufgaben wahrzunehmen haben. Sie sind eher auf fachliche Expertise ausgerichtet (z.B. Heft 20 2009, »Professorin/Professor als Direktorin/Direktor eines Staatlichen Seminars für Didaktik und Lehrerbildung«).

Auf von der Stiftung Deutsche Geisteswissenschaftliche Institute im Ausland (DGIA) ausgeschriebene Vakanzen mit Geschäftsführungsanteilen wurde im bisherigen Verlauf der Darstellung noch nicht verwiesen, weshalb dies nun im Rahmen von Ausschreibungen für »eine Stellvertretende Direktorin/einen Stellvertretenden Direktor« am DHI Moskau bzw. für »eine/n wissenschaftlichen Mitarbeiter/in (Stellvertretende/r Direktor/in)« getan werden soll. Diese exponierten Positionen, deren Inhaber die Entwicklung und den aktuellen Stand der deutschen Geisteswissenschaft im Ausland repräsentieren sollen, sind auf hervorragende Repräsentanten ihres Faches fokussiert, weshalb die Anforderungen vor allem im akademischen Bereich liegen. Aus diesen Gründen werden Bewerber erwartet »mit ausgewiesenen Leistungen auf dem Gebiet der neueren und neuesten osteuropäischen Geschichte (Habilitation oder gleichwertige Leistungen)« (Heft 5 2009). Neben diesen »ausgewiesenen Leistungen« auf dem Fachgebiet wurde fernerhin eine »Persönlichkeit« gesucht, »die in die Aufgaben des Instituts einfügt, den Direktor bei der wissenschaftlichen und administrativen Leitung unterstützt und eigene Forschungsvorhaben verfolgt« (ebd.). Die für den Stellvertreterposten in Warschau von der Stiftung DGIA in Anlehnung an diejenige für Moskau formulierte Annonce forderte, dass die gesuchte Persönlichkeit in der Lage sein müsse, »innovative Projekte zu initiieren, zu gestalten und zu leiten sowie den Direktor bei der wissenschaftlichen und administrativen Leitung des Instituts zu unterstützen« (Heft 23 2009). Ähnliche Beobachtungen lassen sich anhand der ebenfalls 2009 ausgeschriebenen Vakanz des Direktors am DHI Moskau (Heft 35 2009), am Orient Institut in Istanbul (Heft 50 2009), dem Deutschen Studienzentrum in Venedig (Heft 50 2009) oder in der Ausschreibung des Direktors für das Münchner Institut für Zeitgeschichte vornehmen, wo eine »herausragende Persönlichkeit« gesucht wurde, »die durch Forschungen in allen Perioden der deutschen und europäischen Zeitgeschichte ausgewiesen ist. Erforderlich sind reiche Auslands-, Organisations- und Leitungserfahrung« (Heft 33 2009).

Wiederum eine Stellvertretungsstelle – was ebenfalls eine Tendenz der letzten Jahre ist, Aufgaben die ehedem von nur einer Person ausgeübt wurden, infolge ihrer zunehmenden Komplexität auf mehrere Schultern zu verteilen – schrieb das Georg-Eckert-Institut für Internationale Schulbuchforschung in Braunschweig aus. Auch hier wird im Anforderungsprofil bestimmt, dass zu den vorrangigen Aufgaben »die Vertretung und Unterstützung der Direktorin in der wissenschaftlichen und administrativen Leitung des Instituts« (Heft 7 2009) gehören. Hervorgehoben werden im Ausschreibungstext die »vielfältigen Aufgaben eines außeruniversitären Forschungsinstituts mit spezifischen Transferaufgaben« (ebd.).

Dass die Position einer stellvertretenden Direktion auch mit inhaltlichem Schwerpunkt als »Administrationsstelle« ausgeschrieben werden kann, belegt die Vakanz »Stellvertretende/r Direktor/in ›Administration‹«, die am 2009 neu gegründeten »Translationszentrum für Regenerative Medizin« der Universität Leipzig angesiedelt ist (Heft 45 2009). Sie steht in der Tradition kaufmännischer Geschäftsführung/Direktion (s.u. Kapitel 5.3.15), welche herkömmlicherweise an Klinika vorhanden ist. Als vorrangig administrative Aufgaben wurden im Text der Annonce definiert: »allgemeine Verwaltung des Forschungszentrums mit über 100 wissenschaftlichen und nichtwissenschaftlichen Beschäftigten; Finanz- und Vertragsmanagement; Einkauf; Personalangelegenheiten in intensiver Zusammenarbeit mit dem Direktorium und den Gremien des TRM Leipzig; enge Zusammenarbeit mit den Verwaltungen der Universität Leipzig und den kooperierenden Einrichtungen« (ebd.). Vorausgesetzt wurden bei den Kandidaten zudem »Leitungs- und Führungserfahrung, vorzugsweise in Forschungs- und/oder Wissenschaftsinstitutionen bzw. in entsprechenden Bereichen des öffentlichen Dienstes; fundierte theoretische und praktische Kenntnisse des öffentlichen Haushaltsrechts (inkl. KLR) sowie des Zuwendungs- und Vertragsrechts; ausgeprägtes wirtschaftliches Denken und Handeln mit einem hohen Maß an Verantwortungsbewusstsein« (ebd.). Aus diesen Spezifikationen geht hervor, dass inzwischen die Kosten-Leistungs-Rechnung in öffentlichen Einrichtungen verbindlich geworden ist. Sie wirkt sich auch auf das Anforderungsprofil der Bewerber aus, insofern »wirtschaftliches Handeln« und »administrative Erfahrung« explizit erwähnte Anforderungen sind (ebd.).

Wirtschafts- nicht mehr nur (Mittel-)Bewirtschaftungskompetenz ist auch ein wichtiger Punkt in der Ausschreibung einer laufbahnrechtlichen Stelle einer/s »akademischen Direktorin/s – als wissenschaftliche/r Mitarbeiter/in an einer Hochschule in der Funktion der Leitung der Stabsstelle Forschungsförderung und Technologietransfer« (Heft 49 2009) an der Universität Mainz. Für diese wurde »eine langjährige einschlägige Berufserfahrung im universitären Bereich, nach Möglichkeit zusätzlich auch in der Privatwirtschaft«, vorausgesetzt. Erfahrungen in der Antragstellung, »ggf. auch bei der Exzellenzinitiative«, gehörten ebenfalls zum Anforderungskatalog der seinerzeit im Rahmen der zweiten Runde der Exzellenzinitiative ambitionierten Universität Mainz (ebd.). Zudem wurde die Gabe zur »Integration der Interessen von Universität, Wissenschaft und Unternehmen« bei den Kandidaten erwartet (ebd.).

Eine eher singuläre, aber von der Stellenbeschreibung her hochgradig für den Untersuchungszusammenhang interessante Stelle ist die eines/einer »Geschäftsführers/in des Rektorats« (Heft 36 2009) an der Ernst-Moritz-Arndt Universität Greifswald. Einstellungsvoraussetzung hierfür war ein »abgeschlossenes Hochschulstudium in einem rechts-, wirtschafts- oder sozialwissenschaftlichen Fach«, dessen Absolvent/in »eine engagierte, kompetente und flexible Persönlichkeit« sein sollte, »die den Rektor bei der Erfüllung seiner Aufgaben als Hochschulleiter, Dienstvorgesetzte und Rechtsaufsicht administrativ unterstützt« (ebd.). Ausdrücklich erwünschte Kenntnisse und Fähigkeiten waren laut des ansonsten eher knapp gehaltenen Ausschreibungstextes: »Erfahrungen im Wissenschaftsmanagement« (ebd.). Somit hat sich im Vergleich zu den Ausschreibungen des Jahres 2004 erstmals auch der Aspekt des Wissenschaftsmanagements in den Texten der Stichprobe niedergeschlagen.

Außerdem ist, den inhaltsanalytischen Gang durch die Ausschreibungen des Jahres 2009 beschließend, einem Blick auf die zweite Stichprobe zu entnehmen, dass im Vergleich zu 2004 mehr Rektoren-Positionen ausgeschrieben wurden. Auch bilden diese Ausschreibungen gewandelte Anforderungen ab. So wurde für die Hochschule Zittau/Görlitz »eine Persönlichkeit mit hoher Integrationskraft und Sensibilität für die unterschiedlichen Kulturen innerhalb und außerhalb der Hochschule« gesucht (Heft 32 2009). Der Wandel im Wissenschaftsbereich des letzten Dezenniums macht sich also durchaus in geänderten Anforderungsprofilen des akademischen Stellenmarktes bemerkbar. Für den Blick auf das dritte Stichprobenjahr 2013 lässt dies weitere Phänomene eines »Kulturwandels« erwarten.

Eher der gewöhnlichen Tradition und den akademischen Voraussetzungen der Doppelfunktion von Professur und Direktorenamt verhaftet ist allerdings noch eine mit Besoldungsgruppe W3-Stelle dotierte Vakanz des Leipziger Simon Dubnow-Instituts für dessen Direktorenposition aus dem Jahr 2013. Im Ausschreibungstext wird allerdings anstelle auf die Aufgabe der Budgetverwaltung als klassischer Aufgabe von Wissenschaftsadministration auf das Vorhandensein eines eigenen Budgets hingewiesen: »Zur Erfüllung seiner breitgefächerten Aufgaben verfügt das Institut über einen eigenen Etat« (Heft 3 2013). Die Kombination von wissenschaftlicher Direktorentätigkeit und Geschäftsführung schrieb 2013 das als »außeruniversitäre Einrichtung der deutschen Städte« in Form einer gemeinnützigen GmbH konstituierte Deutsche Institut für Urbanistik aus, um eine Person mit »herausragender wissenschaftlicher Qualifikation« (Heft 16 2013) für die »Positionierung des Instituts in der deutschen und europäischen Forschungslandschaft und zur Sicherung seiner Finanziellen Basis« gewinnen zu können, welche »Wissenschaft und kommunale Praxis zu verbinden« vermag (ebd.). Gefragt waren überdies »Erfahrungen in rechtlichen, politischen und finanziellen Rahmenbedingungen kommunalen Handelns und mit politisch-administrativen Prozessen« (ebd.). Aufgrund des anscheinend nicht zufrieden-stellenden Bewerberrücklaufs wurde die Stelle binnen Monatsfrist zweimal in der ZEIT ausgeschrieben (auch Heft 20 2013).

Ein ergänzender Aspekt zu den auch in 2013 wieder reichlich ausgeschriebenen Referentenstellen ist deren oftmalige Betrauung mit Gremienarbeit, etwa in einer hierfür repräsentativen Stellenanzeige formuliert als »Vor- und Nachbereitung von Tagesordnungspunkten für/aus Sitzungen und Besprechungen« (Heft 7 2013). Für eine Stelle als »Assistenz der Forschungsdirektorin des Deutschen Jugendinstituts« lautet die Formulierung: »Vor-/Nachbereitung von Tagungen, Veranstaltungen, Gremiensitzungen; Mitwirkung am Berichtswesen« (Heft 13 2013; ähnlich: Heft 30 2013 u.ö.). Allgemeiner formuliert sind auch »Koordinierung der Geschäftsaufgaben« (Heft 34 2013), »Koordination der Geschäftsprozesse« (Heft 40 2013) oder »Gewährleistung eines reibungslosen Geschäftsganges« (Heft 47 2013) im empirischen Material anzutreffen. Für letztere Vakanz wurde explizit nach Personen mit »einer adäquaten kaufmännischen Ausbildung oder Verwaltungsfachprüfung« gesucht (ebd.). Vermehrt ist bei den Stellen des dritten Stichprobenjahrgangs auch »Erfahrung [...] im Bereich Wissenschaftsmanagement« (Heft 28 2013 und Heft 30 2013) als Anforderung in den Ausschreibungstexten enthalten. Außerdem findet eine weitere Ausdifferenzierung der Tätigkeitsprofile statt, insofern 2013 erstmals eine Stelle als »Assistent/in des Rektorreferenten«, sozusagen eine Supportstelle zweiten Grades, dotiert mit Entgeltgruppe 9 des TV-L, zu verzeichnen ist (Heft 36 2013). Entsprechend ihrer nachgeordneten Bedeutung wurde sie auch lediglich regional in der *Neuen Westfälischen Zeitung* ausgeschrieben, um hierdurch einmal auf die in den meisten Fällen gegebene Korrelation von Ausschreibungsmedium und Stellenwert der Vakanz hinzuweisen.

Weiteres Signal für zunehmende Ausdifferenzierung im Supportbereich ist die Ausschreibung von Rektoratsreferenten mit spezifischen Aufgabenprofilen, wie etwa im Rahmen der Stelle »Akkreditierungsreferent/in im Bereich des Rektorats« (Heft 40 2013) als Referentenstelle des »Vizerektorats für Forschung, Internationales und External Relations« (ebd.) der Wirtschaftsuniversität Wien, wenngleich dieses dennoch instruktive Beispiel den gesetzten geographischen Rahmen überschreitet. Mit ebenfalls grenzüberschreitendem, nämlich europäischen Fokus kann für die Belegung der vorgenannten These jedoch auch die im Laufe der Jahre ebenfalls gestiegene Anzahl der Stellen von EU-Referenten herangezogen werden (z.B. Heft 43 2013 am IfL Leipzig: »Referent/in des Direktors/Forschungs- und EU-Referentin/Re-ferent«).

Außergewöhnlich, weil eine nahezu singuläre Ausnahme in dieser Hinsicht und allein schon darum erwähnenswert, ist die lediglich mit 50 Prozent der Arbeitszeit ausgeschriebene Stelle »Persönliche Referent/in des Rektors« an der Universität Hohenheim, deren Tätigkeitsprofil »geprägt ist von unmittelbarer Zuarbeit für den Rektor« (Heft 47 2013). Ansonsten finden sich in dieser Profilgruppe fast durchgängig Vollzeitstellen.

Die zunehmende Tendenz zur Internationalisierung durch überregionale, zum Teil auch transnationale Hochschulzusammenschlüsse spiegelt sich in der im Stellenmarkt der *ZEIT* veröffentlichten Ausschreibung der Stelle »Direktor/in« für eine an der Universität Saarbrücken angesiedelte, grenzüberschreitende »Universität der Großregion (Lothringen, Luxemburg, Rheinland-Pfalz, Saarland und Wallonien)« (Heft 8 2013). Mit der Aufgabe, die »zentrale Geschäftsstelle mit einem Mitarbeiter und einem festen Jahresbudget« zu führen, ist die Vakanz dem »Rat und amtierenden Präsidenten des Verbundes direkt zugeordnet« und außerdem mit der »Umsetzung der vom Rat definierten strategischen Ziele des Verbundes« betraut (ebd.). Einer späteren Ausschreibung in der *Saarbrücker Zeitung* ist ein ausführlicheres Profil des darin als »Koordinator/in« bezeichneten »Mitarbeiters« zu entnehmen, der »unter Leitung des Direktors/der Direktorin des Verbunds und in enger

Zusammenarbeit mit den lokalen Referenten der Partneruniversitäten [...] die operativen Aktivitäten des Verbunds« und die Verwaltung der zentralen Geschäftsstelle wahrnehmen soll (Heft 9 2013).

Ein weiteres stellenmäßiges Produkt der zunehmenden Internationalisierung des Hochschul- und Wissenschaftsbereiches ist die Vakanz eines/r »stellvertretenden Direktors/Direktorin des MINT-Kollegs Baden-Württemberg und des KIT-Studienkollegs für ausländische Studienbewerber/-innen« (Heft 13 2009). Die Stellenbesetzung verfolgt das parallele Ansinnen, die MINT-Studiengänge zu fördern und darüber hochqualifizierte ausländische Studierende zu erreichen. So ist die wichtigste Aufgabe gemäß des Ausschreibungstextes »die Studienerfolgsquote in den Fachrichtungen Mathematik, Informatik, Naturwissenschaften und Technik [...] zu optimieren« (ebd.). Im Anforderungsprofil an die Bewerber werden »Führungserfahrung und Verwaltungspraxis sowie gute Kenntnis von Hochschulstrukturen und Organisationen im Wissenschaftsbereich« eingefordert (ebd.). Entsprechend der internationalen Ausrichtung und der erhöhten Sensibilität für andere (Fach- und Lebens-)Kulturen sollen Kandidaten für die Stelle unter anderem »kompetent im interkulturellen Umgang mit ausländischen Studierenden« sein (ebd.).

Dem Trend des »Public Understanding of Science«, also der Popularisierung von Wissenschaft, auch zum Zweck der Rechenschaftslegung gegenüber den Steuerzahlern, folgend ist die Stelle »Direktor/in Haus der Zukunft« von Interesse für eine inhaltlich neue Form des Wissenschaftsmarketings mit Bezug zum Tätigkeitsfeld wissenschaftlicher Geschäftsführung (Heft 24 2013). Die vom Bundesministerium für Bildung und Forschung initiierte Einrichtung, die Ende 2016 ihren Betrieb »im Herzen Berlins« aufnehmen soll, möchte ihre »Besucher dazu einladen, sich mit Zukunftsfragen zu beschäftigen. Die Ausstellung und das Veranstaltungsprogramm sollen Einblicke in die Zukunft ermöglichen, die bereits heute in den Hochschulen, Forschungseinrichtungen und Labors und nicht zuletzt in den Köpfen der Menschen entstehen« (ebd.). Zu diesem Zweck soll die Haus der Zukunft gGmbH in Kooperation mit den deutschen Wissenschaftsorganisationen und forschenden Unternehmen gegründet werden, deren Direktor/in mit der Ausschreibung gesucht wird. Dieser bzw. diese trägt, um auf den Aspekt der Geschäftsführung überzuleiten, »die Gesamtverantwortung für Budget und Personal gemeinsam mit der/dem kaufmännischen Geschäftsführerin/Geschäftsführer« (ebd.). Gesucht wird für diese Position eine Persönlichkeit mit »Leitungserfahrung und Managementpraxis einschließlich Personalverantwortung im Bereich Wissenschaft/Forschung/

Forschungsmuseen« (ebd.). Gefordert sind außerdem »Verwaltungserfahrung einschließlich Budgetverantwortung im Bereich öffentliche Verwaltung sowie [...] Erfahrungen in der Betreuung/Überwachung öffentlicher Bauvorhaben« (ebd.). Damit kann neben der fachlichen Eignung und trotz eines zusätzlichen kaufmännischen Geschäftsführerpostens durchaus ein hoher Anteil an administrativen und das Wissenschaftsmanagement betreffenden Tätigkeiten konstatiert werden. Mit Besoldungsgruppe B4 sollten die hohen Anforderungen der international ausgeschriebenen Position (*DIE ZEIT, Standard, NZZ*) angemessen vergütet werden.

Eine/n geschäftsführende/n Direktor/in suchte 2013 die Akademie für Publizistik e.V. in Hamburg, welcher/welche »das solide, erfolgreiche Finanzmodell der Akademie für Publizistik weiterentwickelt« (Heft 27 2013). Im Rahmen der Ausschreibung wird zum Anforderungsprofil der gesuchten Person ausgeführt, dass diese »Erfahrung mit Budgetverantwortung hat und unternehmerisch denkt und handelt« (Heft 27 2013).

Einen »Stellvertretenden Direktor (m/w) mit umfangreichen administrativen Erfahrungen, speziell im Change Management« (Heft 35 2013) hatte im dritten Stichprobenzeitraum der Internationale Suchdienst für Kriegsgefangene Bad Arolsen ausgeschrieben, dessen »Hauptaufgaben [...] in organisatorischen und personellen Veränderungen im Bereich der Modernisierung und Optimierung der Arbeitsprozesse liegen« sollten (ebd.). Das signalisiert einmal mehr den Einzug neuer Managementmethoden und zunehmende Professionalisierungstendenzen im Bereich der wissenschaftlichen Geschäftsführung.

In diese Richtung geht auch die Vakanz »hauptamtliche/r Konrektor/in für Qualitäts- und Organisationsentwicklung« der »Reformhochschule Bremen«: »Schwerpunktmäßig«, ist dem Ausschreibungstext, der auf die Aufgabe der Professionalisier-ung von Organisationsabläufen und Strukturen im Hochschulbereich verweist, zu entnehmen, »initiiert, unterstützt und berät die Konrektorin/der Konrektor Change-Managment-Prozesse zu aktuellen Themen wie Qualitätsmanagement von Studium und Lehre, Konzeptentwicklung und Prozessmanagement zum Lebenslangen Lernen, Forschungsförderung und Wissens- und Technologietransfer sowie Implementierung von Service-Center-Lösungen« (Heft 37 2013). Das Aufgabenprofil liest sich wie eine Reformagenda, in der zahlreiche Themen der aktuellen Reformdebatte gelistet werden. Für diese Aufgabe sind gemäß Ausschreibungstext »mehrjährige, der Aufgabenstellung angemessene Leitungs- und Managementerfahrungen, möglichst im Wissenschaftsbereich oder ggf. Verwaltungsbereich, [...]

unabdingbar. Akademische und wissenschaftliche Tätigkeiten, beispielsweise im Rahmen einer Professur, [...] von Vorteil« (ebd.). Immerhin soll durch die hauptamtliche Stelle, was sich wie eine Kurzzusammenfassung der aktuellen hochschulpolitischen Rahmenbedingungen und der in diesem Kontext üblichen Semantik anhört, »die Innovations- und Zukunftsfähigkeit der Hochschule Bremen unter Berücksichtigung eingeschränkter Ressourcen und der gesellschaftlichen, wirtschaftlichen und technischen Herausforderungen fortentwickelt und die Position der Hochschule durch innovative Konzepte« gestärkt werden (ebd.).

Die private Zeppelin-Universität in Friedrichshafen am Bodensee hat mit ihren Stellen für »Programmdirektoren«, die man aufgrund ihrer Stellenbezeichnung zunächst wohl eher im Rundfunkbereich vermuten würde, ebenfalls innovative Vakanzen aufzuweisen, beispielsweise für das Programm »Kommunikations- und Kulturwissenschaft« (Heft 24 2013). Als Kandidaten kann sich die Privatuniversität, die in der Ausschreibung ausdrücklich auf ihre Akkreditierung durch den Wissenschaftsrat rekurriert und auch besonders auf ihre Internationalität als Qualitätsmerkmal verweist, auch Absolventen eines Studiengangs »im Bereich des Wissenschaftsmanagements« vorstellen (ebd.). Unter anderem fallen die »Verantwortung für die Lehrplanung und das Lehrcontrolling in Kooperation mit der jeweiligen professoralen wissenschaftlichen Programmleitung (Programme Head)« in das Aufgabengebiet der mit Bezeichnungen aus dem Managementwesen ausgeschriebenen Stelle (ebd.). Die zu konstatierende Öffnung von Ausschreibungen für Studierende des Wissenschaftsmanagements lässt auf veränderte Rekrutierungsmuster schließen: Nicht mehr nur ein fachlich einschlägiges Studium kann den Zugang zu den Positionen »an der Schnittstelle zwischen Wissenschaftlern, Verwaltung und Studierenden« ebnen (ebd.).

Neben Ausschreibungen von privaten Hochschulen sind zunehmend auch Ausschreibungen von internationalen Hochschulen, die beispielsweise eine Dependance in Deutschland eröffnen, bei der Inhaltsauswertung des Jahrgangs 2013 zu verzeichnen. Repräsentativ für diesen Internationalisierungstrend ist die für den »Berliner Campus der Bahcesehir University« – übrigens, wie der Text nicht ganz ohne stolz vermeldet – »der erste Campus einer türkischen Universität in Deutschland«, ausgeschriebene Stelle »Persönliche/r Assistent/in der Direktorin« (Heft 31 2013). Neben den spezifischen sprachlichen Anforderungen ist Teil der auf Bi- bzw. Internationalität angelegten Aufgaben »vor allem auch die Kommunikation mit türkischen wie deutschen offiziellen Stellen, mit der Universitätsverwaltung sowie mit internationalen Partnerinstitutionen« (ebd.). Hiermit lässt sich die Beobachtung verknüpfen, dass inzwischen die Anzahl der Direktorinnen (abgebildet durch die Zuordnung von Referentenstellen zu Direktorinnen) zugenommen hat.

Infolge der ausführlichen Stichprobenanalyse der Jahrgänge 2004, 2009 und 2013 konnte sowohl ein interessanter Querschnitt durch die Aufgabenvielfalt der Positionen gewonnen werden. Als auch konnten aufgrund des zeitlichen Abstandes der Stichproben Veränderungen und Trends, wie etwa die zunehmende Internationalisierung oder der steigende Stellenwert des Wissenschaftsmanagements beobachtet werden. Insbesondere letztgenanntes Phänomen ist ein eindeutiges Professionalisierungsanzeichen.

5.3.7 Dekanatsbereich (Dekanatsgeschäftsführung)

Sichtbares Ergebnis der Professionalisierungstendenzen im Hochschulmanagement sind die Einrichtung von Geschäftsführungs- und Supportpositionen im Bereich der akademischen Selbstverwaltung, wie zum Beispiel auf Dekanats- bzw. Fakultätsebene. Auch hier gibt es eine Tendenz zur Ausdifferenzierung und zur Entkopplung von wissenschaftlicher und geschäftsführerischer Tätigkeit, die insbesondere seit Einsetzen der »Strukturreform« des Bologna-Prozesses (vgl. z.B. Heft 40 2006: »Beauftragte/r des Dekans«) mit der »Umstrukturierung bestehender Magisterstudiengänge in Bachelor-/Masterstudiengänge« und dem damit einhergehenden »Leistungspunktsystem« (Heft 33 2004: »Dekanatsassistent/in«) zu beobachten ist. Die untersuchte Gesamtmenge der in unterschiedlicher Form mit Geschäftsführungsaufgaben befassten Stellenanzeigen im Dekanatsbereich ergab in der Datenbank-Filterabfrage 141 Treffer zum Suchbegriff »Dekan« in der durchsuchten Rubrik »Stellenbezeichnung«. Von dieser Gesamttreffermenge wurden vor der weiteren Auswertung noch alle vakanten Dekanatstätigkeiten, die im nichtwissenschaftlichen Bereich (zumeist in Schule oder Kirche) angesiedelt sind, ausgesondert. Die hiernach verbliebenen 84 einschlägigen Stellen werden nun eingehender quantitativ und qualitativ ausgewertet. Zunächst wird anhand einer tabellarischen Darstellung ein Überblick zu den im Rahmen der Analyse aufgetretenen Stellenbezeichnungen und deren Häufigkeit gegeben. Zugleich sind die Stellenbezeichnungen in der Tabelle so angeordnet, dass sie, von links nach rechts betrachtet, ihren absteigenden hierarchischen Status innerhalb der akademischen Selbstverwaltung abbilden, der auch anhand der unterschiedlichen Honorierung der Positionen im Rahmen der Ausschreibungen zutage tritt (vgl. Tabelle 1).

Tabelle 1:
Verteilung der 2004 bis 2013 im *Arbeitsmarkt Bildung – Kultur – Sozialwesen* ausgeschriebenen Geschäftsführungspositionen in der akademischen Selbstverwaltung auf Dekanatsebene (2004-2013)

	Dekan/in	**Dekanats-Geschäfts-führer/in / Leiter**	**Dekanats-rat/rätin**	**Beauftragte/r des Dekans**	**(Studien-/) Dekanats-Referent/in**	**(Studien-/) Dekanats-Assistent/in**	**Anzahl**
2004	1	2	–	–	1	2	= 6
2005	3	1	–	–	–	–	= 4
2006	–	–	1	1	1	1	= 4
2007	1	–	1	–	4	3	= 9
2008	1	–	–	–	1+(1)*	1+(1)	= 5
2009	2	4	–	–	6	2	= 14
2010	2 (1 hauptamtlich)	1	–	–	6	5	= 14
2011	2 (1 hauptamtlich)	1 (Leiter)	–	–	6+(2)	2	= 13
2012	2	1	–	–	5+(1)	–	= 9
2013	–	1 (Leiter Studien-dekanat)	–	–	4+(1)	–	= 6
	= 14	= 11	= 2	= 1	= 39	= 17	= 84

* Die Angaben in Klammern verweisen darauf, dass die betreffenden Vakanzen im Bereich des Studiendekanats angesiedelt sind.

Zunächst ist die Ausdifferenzierung in verschiedene »administrativ-fachlich« ausgerichtete Positionen (Heft 28 2007) interessant, die sich auch quantitativ bemerkbar macht. Insbesondere in den Jahren nach 2009, mit Schwerpunkt 2009 bis 2011, treten verhältnismäßig viele Vakanzen in diesem originär der akademischen Selbstverwaltung zugehörigen Tätigkeitsbereich auf. Die Gesamtanzahl liegt bei jeweils gut über zehn pro Jahr.

Zu bemerken ist allerdings, dass Stellen im Rahmen der akademischen Selbstverwaltung in den meisten Fällen nicht ausgeschrieben werden, sondern normalerweise eine interne Rekrutierung aus dem Kreis des akademischen Kollegiums üblich ist. Im Falle einer neu zu gründenden Fakultät wird beispielsweise einschränkend angemerkt, »dass der Dekan nach Aufnahme des Studienbetriebs durch den Fakultätsrat bestellt wird« (Heft 18 2005). Deshalb bildet die Ausschreibung von klassischen Dekanats- bzw. Fakultätspositionen eine Ausnahme. Hieraus erklärt sich auch die mit 14 Stellenanzeigen, die sich zudem ohne besonders signifikante Abweichungen auf den Gesamtzeitraum von zehn Jahren verteilen, recht geringe Anzahl an Annoncen für die Besetzung von Dekansämtern.

Besonders häufig erfolgen Ausschreibungen durch hochschulorganisatorisch nur mittelbar an die Bestimmungen der Landeshochschulgesetze gebundene Privathochschulen, wie beispielsweise die Universität Witten/Herdecke, die »führungserfahrene, wissenschaftlich ausgewiesene und unternehmerisch denkende Persönlichkeiten« für die Besetzung eines Dekansamtes suchte (Heft 22 2005). Erst durch die zunehmende hauptamtliche Wahrnehmung von Geschäftsführungsaufgaben infolge von gestiegenen Anforderungen und Tätigkeitsumfängen sowie durch die Diversifizierung der Hochschullandschaft insgesamt hat sich das Phänomen auch auf den öffentlichen Hochschulsektor ausgeweitet. Eingerichtet werden die Geschäftsführungsstellen, wie eine Annonce das Aufgabenspektrum umreißend formuliert, zur »Leitung der Dekanatsverwaltung sowie des Bereiches Haushalt und Finanzen« (Heft 39 2004). Weitere Aufgaben sind die »Erstellung von Konzepten zur Entwicklung von Bedarf und Verteilung von Ressourcen, Beratung der Fakultätsorgane und Beteiligung an der Vorbereitung und dem Vollzug ihrer Entscheidungen« (ebd.). Eine besondere Rolle hierbei spielt die »Entlastung des Dekans in seinen laufenden Geschäften« (ebd.), was auch die vornehmliche Aufgabe der Referent/inn/en- und Assistent/inn/en-Positionen ist. Häufig vorausgesetzt werden bei den Bewerbern »betriebswirtschaftliche Kenntnisse sowie Erfahrungen in der Wissenschaftsverwaltung« (ebd.).

Waren in der ersten Hälfte des zehnjährigen Untersuchungszeitraums noch ausschließlich Professor/inn/en für die Ausübung des Amtes gesucht (z.B. Heft 18 2005: »ProfessorIn als Dekan«), so finden sich im Jahr 2010 und 2011 neben der klassischen Variante Professor als »nebenamtlicher« Dekan auch die Variante, die Fakultätsgeschäfte hauptamtlich durch ein Mitglied des Kollegiums führen zu lassen (vgl. Heft 14 2010 und Heft 2 2011; s.u. ausführlicher zur Fakultätsgeschäftsführung Kapitel 5.3.8) oder die Amtsgeschäfte an einen nicht unbedingt dem Kollegium entstammenden Dekanatsgeschäftsführer zu übertragen (z.B. Heft 39 2004 u.ö.). In einigen Fällen wird alternativ hierzu auch eine nicht als Geschäftsführer deklarierte Leitungsposition geschaffen (Heft 16 2011 oder Heft 36 2013). In den ersten fünf Jahren von 2004 bis 2008 sind mit 28 von insgesamt 84 Vakanzen nur ein Drittel der Ausschreibungen angefallen. Auch im Bereich der Dekanatsgeschäftsführung ist also eine signifikante Zunahme der Stellen für die zweite Hälfte des Untersuchungszeitraums zu erkennen. Fernerhin spiegelt sich in den Ausschreibungen der Bologna-Prozess, nicht nur durch eine quantitative Zunahme, sondern auch in der Art der offerierten Stellen: Denn die Positionen von Studiendekanen oder deren Referenten treten ebenfalls vermehrt in der zweiten Hälfte des untersuchten Dezenniums auf. Zu sehen ist hier erneut die auch für andere Bereiche der Geschäftsführung im Wissenschaftsbereich festgestellte Tendenz zur Ausdifferenzierung des Tätigkeitsfeldes, was insgesamt betrachtet zu einer Erhöhung der Anzahl supportiver Stellen geführt hat.

Mit vier Ausschreibungen ist das Jahr 2009 für die Tendenz zur Aufgabendelegierung auf hauptamtliches Dekanatsmanagementpersonal im Rahmen der auf Arbeitsteilung und »Managerialisierung« angelegten Steuerungsmodelle des »New Public Managements« besonders hervorzuheben. Hingegen sind die dem Verwaltungskontext entstammenden Stellenbeschreibungen als »Dekanatsrat/rätin« (vgl. Heft 1 und 2 2006 und Heft 4 2007) nur für 2006 und 2007 belegt und zeigen somit ebenfalls die Substitution von Verwaltungs- durch Geschäftsführungs- bzw. Managementpositionen an. Das mit der Annonce umschriebene Aufgabengebiet benennt explizit die »Führung der Geschäfte der Fakultät als Leiter/in der Verwaltung« (Heft 1 und 2 2006) bzw. die »Führung der laufenden Geschäfte der Verwaltung der Fakultät« (Heft 4 2007). Eine Annonce aus dem Jahr 2009 formuliert: »Der Geschäftsführer leitet die Verwaltung der Fakultät unter der Gesamtverantwortung des Dekanats.« (Heft 46 2009)

Eine weitere Besonderheit, auf die in diesem Kontext noch verwiesen werden soll, stellt die Vakanz eines bzw. einer »Beauftragten des

Dekans« dar (Heft 40 2006). Alles in allem kann auch von diesem weiteren Befund ausgehend eine Wende weg von der akademischen Selbstverwaltung hin zur delegierten Wahrnehmung wissenschaftlicher Geschäftsführungsaufgaben konstatiert werden.

Ein inhaltsanalytischer Blick auf die Stellenprofile und die in ihnen geborgenen Anforderungen an die Bewerber soll dies zusätzlich mit empirischem Material belegen und die Anmerkungen zur Geschäftsführung auf Dekanatsebene beschließen. Gefordert wird von den an der »Schnittstelle zwischen der Fachbereichsleitung und den entsprechenden Abteilungen der Hochschulverwaltung« (Heft 6 2009) eingesetzten Dekanats-Referent/inn/en, um stellvertretend auf einen typischen Ausschreibungstext zu rekurrieren und damit erneut die Tendenz zur supportiven Geschäftsführungstätigkeit zu illustrieren, »die Unterstützung des Dekans und Prodekans in allen Angelegenheiten der Administration der Fakultät einschließlich der Haushaltsführung; die Betreuung und Umsetzung der Beschlüsse des Fakultätsrates« (Heft 29 2004). Dafür werden »Organisationskompetenz und Kenntnisse im Haushaltswesen« sowie »Berufserfahrung in der Kommunal- und Hochschulverwaltung« vorausgesetzt. Für die konnexive Aufgabe wird »eine flexible Persönlichkeit mit organisatorischem Geschick, die Wissenschaft und Verwaltung miteinander zu verbinden weiß« (ebd.), gesucht.

Mit den neuen Steuerungsmodellen verbunden ist, wie bereits angedeutet, auch die Einrichtung von Geschäftsführungspositionen. Im Rahmen einer Annonce der Medizinischen Fakultät der Universität Bonn wird dieser Zusammenhang besonders deutlich hervorgehoben, indem darauf hingewiesen wird, dass bedingt »durch die neue Rechtsform der Universitätsklinika in NRW [...] die Medizinischen Fakultäten umfassende Zuständigkeiten erhalten« haben (Heft 39 2004). Deshalb ist das neu eingerichtete Dekanat unter anderem auch für die eigenverantwortliche Mittelverteilung zuständig. Im Jahr 2007 hält erstmals das Management-Paradigma Einzug in eine Ausschreibung dieser Profilgruppe. Ausdrücklich werden »Forschungsmanagement« und »Finanzmanagement« neben »Budgetverwaltung, Haushaltsplanung und -Überwachung« als Tätigkeitsbereiche genannt (Heft 33 2007) oder in einer anderen Ausschreibung auf die »Unternehmerverantwortung für die Einrichtungen der Fakultät sowie die Wahrnehmung verschiedener dienstrechtlicher Verantwortlichkeiten« verwiesen (Heft 37 2007). Gefördert wurde die Tendenz zur Professionalisierung der Geschäftsführungsaufgaben durch die Exzellenzinitiative, insofern sich Universitäten, wie etwa die RWTH Aachen, in diesem Kontext darauf verpflichtet haben, »auch ihr Fakultätsmanagement (zu) verbessern«

(Heft 11 2008). »Studienleistungscontrolling; Betreuung der Themenpalette Qualitätsmanagement« sind Element einer anderen Ausschreibung und weitere Hinweise in dieser Richtung (Heft 13 2008). Das ist auch an den geforderten Aufgabenprofilen zu erkennen, da zum Beispiel eine Ausschreibung verlangt: »Der/Die Bewerber/in sollte über ausgewiesene Erfahrung im Hochschulmanagement oder Management von sonstigen Bildungseinrichtungen verfügen. Insbesondere Erfahrungen der Programmakkreditierung von Studiengängen sind erwünscht. Da die Universität in naher Zukunft ein Modell der leistungsabhängigen Mittelzuweisung implementieren möchte, sind betriebswirtschaftliche Kenntnisse im Bereich Controlling ebenfalls von Vorteil. Aufgrund der derzeit erfolgenden Internationalisierung der Fakultät setzen wir gute englische Sprachkenntnisse ebenso voraus wie sicheres Auftreten gegenüber nationalen und internationalen Partnern der Universität« (Heft 49 2009). Auch die Steigerung der »Wettbewerbsfähigkeit im nationalen und internationalen Vergleich« ist Aufgabe eines hauptamtlichen Dekans (Heft 14 2010) ebenso wie »Kenntnisse der neuen Verwaltungssteuerung der Finanzierungsgrundlagen nach Hochschulpakt und leistungsorientierter Mittelzuweisung« in einer anderen Vakanz von den Bewerbern verlangt werden (Heft 28 2010: Dekanatsreferent/in) oder »Erfahrungen und Fertigkeiten in der hochschulinternen indikatorengestützten Mittelzuweisung« (Heft 49 2010).

Um hier zusammenzufassen, können anhand des empirischen Material zahlreiche Hinweise auf einen quantitativen und qualitativen Wandlungsprozess dieser Profilgruppe hin zu mehr Professionalität festgestellt werden. Im Folgenden wird dargestellt, ob diese Erkenntnis auch auf die eng verwandte Profilgruppe der Geschäftsführung im Fakultätsbereich zutrifft.

5.3.8 Fakultätsbereich (Fakultätsgeschäftsführung/ Fakultätsmanagement)

Dass entsprechend der im vorigen Abschnitt genannten Anforderungsprofile die Geschäftsführung auf Dekanats- bzw. Fakultätseben besonders früh im von Kostendruck und Wirtschaftlichkeitserwägungen geprägten universitätsmedizinischen Kontext anzutreffen ist, kann in Fortsetzung der Analyse von Geschäftsführungspositionen im Bereich der akademischen Selbstverwaltung auf Fakultätsebene mit einer Ausschreibung aus dem Jahr 2004 belegt werden: Gesucht wurde ein/e zwischen Administration und Akademie vermittelnde/r »Fakultätsgeschäftsführer/in« mit dem Portfolio »der allgemeinen Dekanatsverwaltung und der Betreuung des Bereichs Akademische Angelegenheiten (Gremien, Berufungen, Habilitationen u.a.) schwerpunktmäßig die Leitung des Bereichs Haushalt. Hierunter fallen insbesondere die Fortschreibung der sogenannten Transparenzrechnung (Zuordnung der Kosten für Lehre, Forschung und Krankenversorgung), die Weiterentwicklung und Umsetzung der leistungsorientierten Mitteverteilung und – in Zusammenarbeit mit dem Bereich Forschungsmanagement – die Mitwirkung an der Struktur- und Entwicklungsplanung der Fakultät« (Heft 10 2004). Konsequenterweise wurden »Bewerber(innen)« präferiert, welche »einen Hochschulabschluss bevorzugt in Wirtschaftswissenschaften haben. Kenntnisse im Hochschulrecht und Erfahrungen in der Wissenschaftsverwaltung sind wünschenswert« (ebd.). In einer anderen Ausschreibung werden beispielsweise »vertiefte betriebswirtschaftliche Kenntnisse« (Heft 1 2013) gefordert. Überproportional viele Stellen sind wohl insbesondere aufgrund der dort gegebenen Affinität zur Geschäftsführungstätigkeit und zum Managementparadigma in wirtschaftswissenschaftlichen Fakultäten angesiedelt (z.B. Heft 48 2008 u.ö.). Einige Vakanzen gehen auch auf die Neugründung von Fakultäten zurück, was einen Bruch mit den Traditionen akademischer Selbstverwaltung und die Einführung hauptamtlicher Geschäftsführungspositionen leichter zu rechtfertigen erlaubt. Fernerhin gibt es, gemessen an deren sonstiger Bedeutung im Hochschulbereich einen relativ großen Anteil von Ausschreibungen privater und reformorientierter Hochschulen, wie etwa der Leuphana Universität in Lüneburg oder der Universität Witten/Herdecke, die sich dem Einsatz neuer Steuerungsmodelle verpflichtet fühlen und Geschäftsführungspersonal für die »unternehmerische und organisatorische Weiterentwicklung der Fakultät« (Heft 19 2013) suchen oder von dem nach erfolgreicher Bewerbung eingestellten Fakultätsgeschäftsführer bzw. seinem weiblichen Pendant verlangen, einen »wesentlichen Beitrag zur Wettbewerbsfähigkeit unserer Fakultät zu anderen nationalen und internationalen Fakultäten zu leisten« (Heft 21 2011).

Die eingangs ausführlicher zitierte, für das erste Jahr der Analyse übrigens einzige Vakanz ist, um kurz auf die empirische Grundlage der Profilgruppe »Fakultätsgeschäftsführung« einzugehen, Teil einer Gesamtmenge von 112 Stellenausschreibungen mit dem Treffwort »Fakultät« in der Rubrik »Stellenbezeichnung«. Die zeitliche Verteilung (vgl. Diagramm 5) lässt ein relativ rasches Ansteigen der Gesamtzahl in den ersten drei Untersuchungsjahren erkennen (1 – 3 – 8).

Diagramm 5: Häufigkeit Fakultäts-Geschäftsführungspositionen pro Jahr (2004–2013)

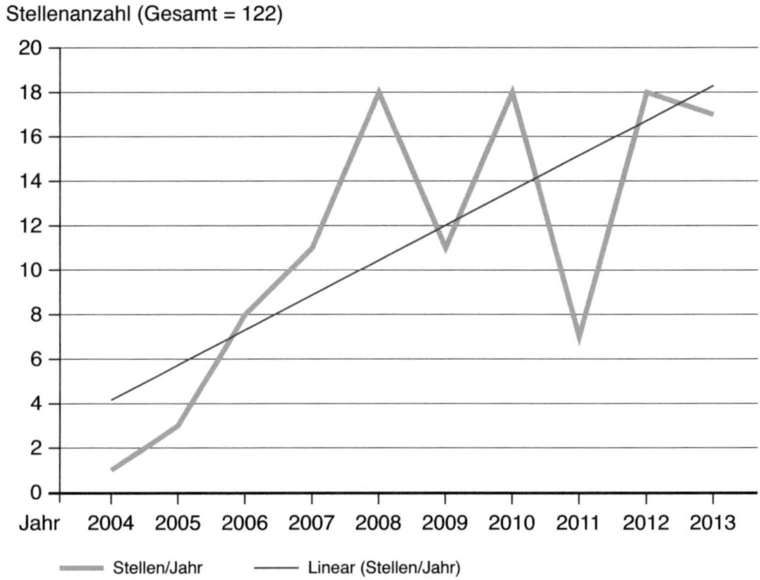

Seit 2007 sind mit Ausnahme des Jahres 2011, wofür nur 7 Vakanzen zu verzeichnen sind, beständig zwischen 11 und 18 Stellen für Geschäftsführung auf Fakultätsebene anzutreffen. Explizit wird Fakultäts-Management als Bezeichnung in vier Stellenbezeichnungen verwendet. Ein Blick auf die Aufgabenprofile der Annoncen ergibt außerdem, dass in diesem Kontext in neun Fällen ausdrücklich von Fakultäts-Management gesprochen wird, wobei aufgrund der geringen Grundgesamtheit sinnvollerweise nicht weiter in einer Zeitverteilung differenziert werden soll. Bei Positionen der Fakultätsgeschäftsführung, die neben den zahlenmäßig überwiegenden aber wegen ihrer Ähnlichkeit zu den Vakanzen im Dekanatsbereich nicht mehr gesondert zu erörternden Referenten- und Assistentenstellen (25 Ausschreibungen für Referenten, 9 für Assistenten) den Fokus der nachfolgenden qualitativen Inhaltsanalyse darstellen, können insgesamt 16 Ausschreibungen verzeichnet werden. Häufungen sind in den Jahren 2007, 2010 und 2013 auffällig, in denen jeweils vier Ausschreibungen auftreten, die zusammengenommen immerhin drei Viertel der Gesamtanzahl der im *Arbeitsmarkt Bildung – Kultur – Sozialwesen* angetroffenen Stellen ausmachen. Im Rahmen einer Befragung des CHE zum Fakultätsmanagement, welche im Jahr 2013 durchgeführt wurde, gaben lediglich sieben der insgesamt 480 Respondenten explizit an, als »Fakultätsgeschäftsführer« tätig zu sein (Fedrowitz/Leichsenring/Stuckrad 2014, 11).

Die Vakanzen der Jahre 2007 und 2013 sind auf verschiedene Universitäten verteilt, wohingegen die relativ hohe Anzahl von Ausschreibungen für Fakultätsgeschäftsführer des Jahres 2010 vorrangig auf die als Stiftung des öffentlichen Rechts konstituierte Leuphana Universität Lüneburg zurückzuführen ist, die eine Vorreiterrolle im Hochschulreformdiskurs einnimmt. Sie untermauert ihre Orientierung an neuen Steuerungsmodellen mit der Ausschreibung von drei Fakultätsgeschäftsführer/innen für die seinerzeit neu gebildeten Fakultäten Bildung, Kultur und Nachhaltigkeit. Auch der Aspekt der Professionalisierung des Wissenschaftsmanagements geht aus der Stellenbeschreibung hervor, weil darin »Erfahrungen auf dem Gebiet des Wissenschaftsmanagements« (Heft 51 2010) vorausgesetzt werden. Direkt an die Leser der Annonce gerichtet, werden Aufgaben- und Einsatzfelder der supportiven und zugleich konnexiven Geschäftsführungstätigkeit genannt sowie eine umfangreiche Liste an Stakeholdern gegeben: »Als Fakultätsgeschäftsführer/in unterstützen sie ein Dekanat bei allen Fragen des Wissenschaftsmanagements und sind insoweit Bindeglied zwischen Fakultätsleitung, Wissenschaftlerinnen und Wissenschaftlern inner- und außerhalb der Fakultät, dem Präsidium und externen Ansprechpartnern (Evaluierungsagenturen, WKN etc.). Hauptaufgabe ist die Unterstützung des Dekanats bei der wissenschaftlichen Weiterentwicklung der Fakultät in Forschung, Lehre und wissenschaftlichen Dienstleistungen« (ebd.).

Aus den weiteren analysierten Fakultätsgeschäftsführungspositionen ergibt sich wiederum der unterstützende Charakter der Tätigkeit, indem etwa in einer recht aktuellen Ausschreibung aus dem Jahr 2013 zur Ansiedlung der Position ausgeführt wird: »Die Stelle ist direkt dem Fakultätsvorstand unterstellt« (Heft 30 2013). Noch bestärkt wird diese Zuordnung mit der Aussagen, dass die Position der »Umsetzung beschlossener Ziele und Maßnahmen der Dekanatsleitung und des Fakultätsrates« (Heft 33 2013) dienen soll. Ähnlich kompakt, gleichsam einer Definition, fasst ein Ausschreibungstext der Christian-Albrechts-Universität zu Kiel den Arbeitsbereich und die hierarchische Einbindung der Geschäftsführungsposition auf Fakultätsebene zusammen: »Die Fakultätsgeschäftsführung stellt die Kontinuität der Fakultätsarbeit auf allen Feldern sicher und führt die Aufgaben im Rahmen der Weisungen der Dekanin/des Dekans selbständig durch« (Heft 36 2007).

Auch sorgt, gemäß einer Anfang des Jahres 2013 in der *ZEIT* geschalteten Annonce, die darin für die Geschäftsführung gesuchte Person dafür, dass »die Fakultätsleitung von den laufenden Geschäftsaufgaben« entlastet wird (Heft 1 2013). Gleichzeitig ist sie »verantwortlich für die Sicherstellung eines kontinuierlichen und reibungslosen Geschäftsverlaufes« (ebd.; ähnlich Heft 30 2013). Insofern kann mit einem anderen Ausschreibungstext definitorisch zusammengefasst werden, dass die Fakultätsgeschäftsführung »die Dekanatsleitung bei der Erfüllung ihrer Aufgaben administrativ, konzeptionell und organisatorisch unterstützt« (Heft 33 2013).

Vor dem Hintergrund der bislang genannten Aufgaben stellt die folgende Formulierung, die eher auf eine Einbindung in kollegiale Mitverantwortung und nicht so sehr auf die ansonsten in den Ausschreibungstexten sehr häufig geforderte Unterstützungsleitung hindeutet, eine Ausnahme dar: »Als Geschäftsführerin/Geschäftsführer sind sie Mitglied des Dekanats, das die Fakultät leitet. Sie sind für das Finanz- und Personalmanagement verantwortlich und leiten die Fakultätsverwaltung unter der Gesamtverantwortung des Dekanats« (Heft 21 2011).

Welche Aufgabenbereiche den Fakultätsgeschäftsführern und Fakultätsgeschäftsführerinnen qua Ausschreibung zugewiesen werden, ist zwar je nach Text verschieden, doch lassen sich gewisse Regelmäßigkeiten erkennen. So bestimmt die Leibniz Universität Hannover auf der Suche nach einem Fakultätsgeschäftsführer der Naturwissenschaftlichen Fakultät, der »Aufgabenbereich der Geschäftsführerin/des Geschäftsführers umfasst die Verwaltung und Ressourcenplanung der Fakultät, Öffentlichkeitsarbeit sowie die geschäftsführende Leitung der Fakultät« (Heft 16 2007).

Den Aspekt der Ressourcenplanung weist eine zwei Jahre später veröffentlichte Ausschreibung derselben Universität, allerdings diesmal an der Fakultät für Bauingenieurwesen und Geodäsie, also Landvermessungskunde, erneut in ähnlicher Weise auf. In den abweichenden Formulierungen, etwa der ausdrücklichen Benennung der Assistenzfunktion und in der Weglassung der Geschäftsführungsaufgabe, werden jedoch auch andere Schwerpunktsetzungen und die stärkere Gewichtung des supportiven Charakters der Stelle offenbar. Zum Aufgabenspektrum gehören in der aktualisierten Ausschreibung nämlich »Wirtschafts- und Ressourcenplanung der Fakultät, Öffentlichkeitsarbeit, Personalmanagement sowie die organisatorische Leitung der Fakultät und die Assistenz des Dekanats« (Heft 15 2009).

Weitere ergänzende Aspekte des Aufgabenkataloges sollen hier nachfolgend noch anhand von markanten Resultaten der qualitativen Inhaltsanalyse wiedergegeben werden. »Die Aufgaben der Geschäftsführung liegen im Wissenschafts-, Finanz- und Personalmanagement der Fakultät sowie in der Leitung der Fakultätsgeschäftsstelle« (Heft 50 2007), bestimmt die Carl von Ossietzky Universität Oldenburg auf der Suche nach einer Geschäftsführung der Fakultät für Bildungs- und Sozialwissenschaften. In einer früheren Ausschreibung derselben Institution, allerdings für die Fakultät der Human- und Gesellschaftswissenschaften, lautet die Formulierung, dass die Aufgaben »sowohl im Lehr- und Wissenschaftsmanagement (z.B. Evaluation, Akkreditierungsverfahren, Forschungsförderung und -koordination) als auch in der Finanz- und Personalplanung der Fakultät in enger Zusammenarbeit mit der Zentralverwaltung« liegen (Heft 35 2007).

Dem Aspekt der Koordinierung und Abstimmung zwischen verschiedenen Interessengruppen widmet sich ebenfalls eine Anzahl von Ausschreibungen ausführlicher. Eine Annonce aus dem Jahr 2008 formuliert bezogen auf die Aufgabenfelder, dass diese »insbesondere die Koordination und Organisation fakultätsinterner Prozesse, Qualitätssicherung, Akkreditierung, Öffentlichkeitsarbeit und Unterstützung des Fakultätsvorstandes bei der strategischen Entwicklungs- und Strukturplanung« (Heft 48 2008) sind. In der bereits zuvor erwähnten Ausschreibung der Universität Oldenburg wird bezüglich der koordinativen Aufgabenverteilung zwischen verschiedenen Stakeholdern dargelegt: »Die Geschäftsführung arbeitet in enger Abstimmung mit der Dekanin bzw. dem Dekan der Fakultät und der Zentralverwaltung« (Heft 50 2007). In diesen Kontext gehört auch die Aufgabe der »Koordinierung und Unterstützung der fakultätsbezogenen Gremienarbeit (Prozesse der akademischen Selbstverwaltung)« (Heft 19 2013), aus der eindeutig der von den Vakanzen in diesem Gebiet stets geforderte Spagat zwischen geschäftsführender Tätigkeit einerseits und Rückkoppelung an die akademische Selbstverwaltung andererseits hervorgeht.

Wendet man sich nun den in den Ausschreibungstexten erwähnten Führungs- und Leitungsaufgaben zu, so sind vor allem die »Leitung der Zentralverwaltung« (Heft 36 2007), die »Führung des nicht-wissenschaftlichen Personals« (Heft 10 2013) oder die »Führung der weiteren Mitarbeiter/-innen des Dekanats« (Heft 33 2013) wesentliche Merkmale. Insofern ist konsequent, dass bei einigen Vakanzen auch »Verwaltungserfahrung«, in diesem Fall sogar »zwingend vorausgesetzt« (Heft 35 2007) wird oder »vertiefte Kenntnis von Verwaltungsprozessen an Universitäten und Gremienerfahrung« (Heft 15 2009) verlangt werden.

Unter dem damit angesprochenen Aspekt des Professionalisierungsdiskurses ist auch erwähnenswert, dass »einschlägige Berufspraxis in der Hochschulverwaltung« (Heft 36 2007), »fundierte berufliche Erfahrungen in der Wissenschafts- und Hochschuladministration« (Heft 50 2007) oder, noch umfassender formuliert, »Berufserfahrung auf dem Gebiet von universitärer Lehre, Forschung oder Wissenschaftsmanagement, in Verwaltungsprozessen an Universitäten und Gremienerfahrung« (Heft 16 2007) vorausgesetzt werden. »Erfahrungen in der Wissenschaftsadministration« (Heft 26 2007) sind ebenso gesucht wie »ausgewiesene Erfahrung im Hochschulmanagement oder Management von sonstigen Bildungseinrichtungen« (Heft 45 2010), womit dokumentiert ist, dass auch die Managementfähigkeit und die dementsprechende Ausbildung der Bewerber/innen eine wesentliche Rolle in den Ausschreibungstexten spielt. Dies geschieht zum Teil bei späteren Ausschreibungen, vor allem ab dem Jahr 2009, in explizitem Bezug auf die inzwischen im Bereich der Fakultätsgeschäftsführung anerkannten professionellen Managementfähigkeiten der Bewerber/innen. So können diese später publizierten Annoncen inzwischen, unter Professionalisierungsgesichtspunkten höchst interessant, problemlos »mehrjährige Berufserfahrung im Wissenschafts- und/oder Hochschulmanagement« (Heft 15 2009) verlangen oder darauf hinweisen, dass »Erfahrungen aus dem Bereich des Wissenschaftsmanagements [...] sehr erwünscht« sind (Heft 21 2011). »Ideal wären«, formuliert eine Ausschreibung aus der Mitte des Jahres 2013 mit Blick auf die avisierte Zielgruppe, »vertiefte betriebswirtschaftliche Kenntnisse, Erfahrungen im Hochschul- und Fakultätsmanagement und in der Wissenschaftsverwaltung« (Heft 30 2013). Wissenschafts- und Fakultätsmanagement sind also zu festen Bestandteilen in den Ausschreibungstexten für substitutive Positionen im Bereich der akademischen Selbstverwaltung geworden und verweisen dadurch implizit auch auf die zunehmende Professionalisierung.

Den inhaltsanalytischen Gang durch die Ausschreibungen zur Fakultätsgeschäftsführung, welche entsprechend der Untersuchung von Fedrowitz, Leichsenring und von Stuckad »mit dem Problem der uneinheitlichen, ja sogar verwirrenden Bezeichnungen der Stellen im Fakultätsmanagement« zu kämpfen hat (2014, 11), arrondierend soll noch auf ein durchgängiges Anforderungsprofil bezüglich der persönlichen Kompetenzen der gesuchten Bewerber und Bewerberinnen eingegangen werden. Sehr häufig wird »überdurchschnittliche Sozialkompetenz und Kommunikationsfähigkeit« (Heft 45 2010) von ihnen erwartet. Oder entsprechend des bereits konstatierten konnexiven Charakters des Tätigkeitsfeldes werden auch – vielfach mit qualifizierenden Adjektiven verstärkt – »ausgeprägte Kommunikations- und Moderationskompetenzen« (Heft 21 2011) verlangt oder, um den supportiven Charakter der Tätigkeit erneut zu hervorzuheben, »hervorragende Kommunikationsfähigkeit sowie eine durchgängige Serviceorientierung in allen Aufgabenfeldern« (Heft 19 2003).

Einzelne Ausschreibungen nehmen sogar direkt auf den Aspekt der Professionalisierung Bezug, indem sie von den gesuchten Personen Beiträge zur Professionalisierung ihres Bereiches einfordern. So etwa in einer Ausschreibung der Universität Hamburg zur Geschäftsführung der laut Ausschreibungstext mit circa 100 Professuren und 10.000 Studierenden nahezu größten Fakultät in Deutschland: »Unter ihrer Leitung entwickeln und professionalisieren Sie die Struktur und das Profil der neu entstehenden Verwaltung der Fakultät verantwortlich weiter« (Heft 21 2011). Über die gerade in jüngerer Zeit häufiger vorkommende Forderung nach mehrjähriger Berufserfahrung hinausgehend formuliert eine Ausschreibung der Universität Witten/Herdecke, dass sie von den Bewerberinnen und Bewerbern »mehrjährige Berufstätigkeit mit Führungsverantwortung (insbesondere an Hochschulen, in Forschungseinrichtungen, in Professionsorganisationen)« erwartet (Heft 19 2013), womit ein weiterer Hinweis auf den Professionalisierungsprozess gegeben ist, der durch den zuvor beschriebenen qualitativen und quantitativen Wandel des Stellenmarktes für Geschäftsführungspositionen auf Fakultätsebene belegt werden konnte.

5.3.9 Institutsebene (Institutsmanagement/Institutsleitung)

Unter der Stellenbezeichnung »Institutsmanager/in« sind lediglich zwei überregional in *F.A.Z.* und *ZEIT* publizierte Vakanzen im Untersuchungszeitraum aufgetreten. Zum einen eine Stelle am Institut für Familienunternehmen der privaten Universität Witten/Herdecke, die 2010 ausgeschrieben wurde (Heft 17 2010), sowie zum anderen eine als »Institutsmanager/in/Kaufmännische Geschäftsführung« ausgeschriebene Position am Kölner Mercator-Institut für Sprachförderung und Deutsch als Fremdsprache (Heft 3 2012). »Direkt dem akademischen Institutsleiter unterstellt« ist die erstgenannte Position der Privathochschule, die »an der Schnittstelle zwischen Praxispartnern, Wissenschaft, Verwaltung und Studierenden« angesiedelt ist. Der Stelleninhaber/Die Stelleninhaberin« der von der Stiftung Mercator geförderten Initiative wird eingestellt »als Servicepartner der Universitätsverwaltung für die

Wissenschaft, das gesamte Institut und seine Projekte federführend zu verwalten. Hierzu gehören insbesondere die Verwaltung des gesamten Etats sowie die Koordination aller Gremien des Instituts. Der/die Stelleninhaberin wird als Mitarbeiter/in des Dezernats Forschungsmanagement der Universität zu Köln eingestellt und fungiert als zentrale/r Ansprechpartner/in für alle administrativen Belange innerhalb der Universität und für die Stiftung Mercator« (Heft 3 2012).

Die Bezeichnung der Stellen als Instituts-Manager und nicht als, wie das aufgrund der Ausschnitte aus den Ausschreibungstexten näher liegen würde, »Instituts-Verwalter« erhellt sich mithin also weniger aus den genannten Tätigkeitsmerkmalen und Anforderungsprofilen, sondern vielmehr aus dem wirtschaftsnahen Kontext des Stiftungsgebers Mercator, der qua Eigenbeschreibung »von einer unternehmerischen, internationalen und professionellen Haltung« (Heft 3 2012) geprägt ist, bzw. aus den Vorstellungen der ebenfalls im wirtschaftsnahen Umfeld zu suchenden Mittelgeber für das Familienunternehmensinstitut in Witten/Herdecke.

Mehr Ergebnisse im Rahmen der Profilgruppe, nämlich insgesamt 27, ergibt hingegen die Datenbanksuche mit der Treffwortkombination »Institut« und »Leitung« in der Rubrik »Stellenbeschreibung«. Der überwiegende Teil der für eine Inhaltsanalyse einschlägigen Stellen ist im Bereich der Assistenzen angesiedelt. So gibt es hier elf Ausschreibungen, wovon eine vermutlich eine Wiederausschreibung nach knapp drei Monaten, also wohl im Rahmen der Probezeit, ist (Heft 19 2008 und Heft 30 2008). Die häufigste Stellenbezeichnung hier ist die der wissenschaftlichen Assistenz, gefolgt von der einfachen Bezeichnung als Assistenz. In zwei Fällen waren auch Vakanzen als »Forschungsassistenz« ausgeschrieben. Gemeinsam ist diesen Stellen die enge Anbindung an die Institutsleitung. Aufgrund der Organisationsform der Institute ist der Tätigkeitsbereich Gremienarbeit überproportional häufig vertreten (z.B. Heft 7 2010 u.ö.). Institutsleitungen ergaben sieben Fundstellen. Außerdem wurde eine stellvertretende Leitung sowie einmal die Funktion der Verwaltungsleitung im Korpus des Informationsdienstes *Arbeitsmarkt* angetroffen.

Besonderheiten der Assistenzstellen sind, dass neben der inhaltlichen Unterstützung der Institutsdirektion (Heft 26 2009), des Leitungsstabs (Heft 49 2008) oder der »Assistenz der Institutsleitung« (Heft 16 2009) gelegentlich auch Verwaltungs- und Organisationsaufgaben übernommen werden sollen (z.B. Heft 45 2004; Heft 9 2010; Heft 16 2012 u.ö.), wie »Gremienbegleitung, Unterstützung in akademischen Angelegenheiten« (Heft 19 2008; Heft 36 2013: beide Fraunhofer Gesellschaft) oder »Erstellung von Protokollen, Mitschriften bei Gesprächen und Konferenzen; Veranstaltungsorganisation (Gesprächskreise, Arbeitsgruppen, Tagungen)« (Heft 16 2012).

Die Institutsleitungspositionen sind dadurch gekennzeichnet, dass sie, wie dies bei den ihnen vergleichbaren Direktorenpositionen ebenfalls üblich ist, durch die Verbindung mit einer Professur (Heft 7 2005; Heft 42 2009 u.ö.) oder einem Lehrstuhl (Heft 33 2012) ausgeschrieben sind. Die Anforderungen an die BewerberInnen liegen vorrangig im wissenschaftlichen Bereich und sind infolgedessen zumeist auch an laufbahnrechtliche Bestimmungen der Landeshochschulgesetzte zur Erlangung einer Professur gekoppelt. Zuweilen werden auch »Erfahrungen in der Leitung einer wissenschaftlichen Einrichtung« (Heft 7 2005) oder »Institutsleitungserfahrung zum Auf- und Ausbau des Instituts« (Heft 33 2012) als Auswahlkriterium genannt.

Eine Ausnahme, die auf einen weiteren Typus (s.u. Kapitel 5.3.16) verweist, bildet die Vakanz einer »Verwaltungsleitung«, die 2008 am IFQ ausgeschrieben wurde und »einen wirtschaftswissenschaftlichen oder verwaltungswissenschaftlichen Hochschulabschluss« voraussetzt (Heft 43 2008). Als Aufgabenbereich wurden genannt: »Aufstellung und Ausführung des Wirtschaftsplans des Instituts; Erstellung des Verwendungsnachweises; Redaktionelle Bearbeitung des Tätigkeitsberichts; Drittmittelbewirtschaftung; Zeitkontenabrechnung; Bearbeitung der Steuerangelegenheiten; Personalkosten- u. Reisekostenabrechnungen; Buchführung und Zahlungsverkehr; Projektcontrolling; Vorbereitung von Einstellungen« (ebd.).

5.3.10 Wissenschaftsmanager/in

Insgesamt 17 Ausschreibungen verwenden als Stellenbeschreibung die Bezeichnung »Wissenschaftsmanager/in«. Abweichend hiervon treten auch Vakanzen auf unter den Stellenbezeichnungen »Referent/in des Direktors (Wissenschaftsmanager/in)« (Heft 39 2006), »Projektleiter/in als Wissenschaftsmanager/in« (Heft 21 2007), »Senior Research Assistant / Lecturer / Wissenschaftsmanager« (Heft 52 2009) oder für den Zusammenhang der vorliegenden Arbeit zur Geschäftsführung im Bereich der Wissenschaft besonders interessant, da explizit darauf verweisend: »Wissenschaftsmanager/in als Leiter/in der Geschäftsführung« (Heft 1 2008). Aufgrund der eher geringen Fallzahl lassen sich keine zuverlässigen Aussagen über die Zeitreihenverteilung treffen. Auffällig ist jedoch, dass für die Jahre 2011 und 2012 keine einschlägigen

Annoncen angetroffen wurden. Die meisten Vakanzen gab es im Jahr 2008 mit fünf Ausschreibungen. Was die Vergütung anbelangt, sind die Stellen fast durchgängig mit Entgeltgruppe 13 bzw. der vorhergehenden Eingruppierung nach BAT IIa honoriert. Nur wenige Ausnahmen sehen eventuell eine höhere Bezahlung vor. Zwei Stellen, die auch von den Einstellungsvoraussetzungen und ihrer Ansiedlung bei einer Stadtverwaltung ungewöhnlich sind und zur kommunalen Begleitung des Projekts »Stadt der Wissenschaft« dienen, werden lediglich mit Entgeltgruppe 10 vergütet (Heft 50 2008: Lübeck, Heft 21 2007: Konstanz). Ein privatwirtschaftlicher Arbeitgeber formuliert, dass die frei verhandelbare »Vergütung der Position [...] der Höhe der übertragenen Verantwortung« entsprechen werde (Heft 20 2008). Die nahezu obligatorische Befristung der Stellen erstreckt sich von zwei bis fünf Jahren. In vielen Fällen wird eine Promotion oder gar eine »sehr gute Promotion« (Heft 52 2007) vorausgesetzt bzw. ist diese »dringend erwünscht« (Heft 25 2013), vorzugsweise im Fachbereich der einstellenden Institution. Eine Ausnahme bei den formalen Ausbildungsvoraussetzungen machen hingegen die Vakanzen für eine/n »Wissenschaftsmanager/Wissenschaftsmanagerin«, welche von der Hansestadt Lübeck und der Stadtverwaltung Konstanz im Kontext des Wettbewerbes »Stadt der Wissenschaft« eingerichtet wurden (Heft 50 2008 und Heft 21 2007). Dort ist eine »qualifizierte Ausbildung im wissenschaftlichen oder kaufmännischen Bereich oder in der Verwaltung« Einstellungsvoraussetzung (ebd.). Auch »Berufserfahrung im Wissenschaftsmanagement oder einem vergleichbaren Bereich« (Heft 11 2013) gehört zum Kriterienkatalog der Stellen mit einem »vielseitigen Anforderungsprofil« (Heft 1 2008), deren Inhaber sich vor allem gemäß des supportiven Aufgabenzuschnitts um die »organisatorischen, administrativen und arbeitsrechtlichen Belange der Forscherinnen und Forscher« kümmern sollen (ebd.). Den Doppelcharakter zwischen Akademie und Administration betont auch die Aussage eines Ausschreibungstextes der Universität Münster, wo im »Rahmen der Leitungsaufgaben« auch »Gelegenheit zur eigenen wissenschaftlichen Forschung und Weiterqualifikation« (Heft 1 2008) eingeräumt wird. Aus der weiteren Formulierung lassen sich Rückschlüsse auf den »Zeitgeist« anstellen. Neben der »bevorzugt internationale(n) Erfahrung im Bereich der Wissenschaftsadministration« rücken auch »Vertrautheit mit allen Belangen einer zeitgemäßen Forschungsförderung im Spannungsfeld von Wissenschaft, Politik und Geschichte« in den Fokus der Ausschreibung (ebd.). Ähnlich formuliert eine Ausschreibung des DHI Paris, wo »fundierte Erfahrung im Bereich des internationalen Wissenschaftsmanagements und der Wissenschaftskooperation, zeitgemäßer Forschungsförderung sowie der Einwerbung von Drittmitteln« eingefordert werden (Heft 9 2008).

In einer Vakanz der Rheinischen Kliniken Düsseldorf wird seitens der Verwaltung ein/e »WissenschaftsmanagerIn« gesucht zur »Weiterentwicklung des langfristigen Finanzierungskonzepts« und zur Ausführung anderweitiger Aufgaben wie Marketing und Öffentlichkeitsarbeit aber zugleich auch für die »Geschäftsführung des Fördervereins«, was das breite Portfolio dieser Gruppe belegt (Heft 5 2005). Als Voraussetzung wird eine »Weiterbildung und/oder Erfahrung im Wissenschaftsmanagement« (ebd.) verlangt. Unter Gesichtspunkten der Professionalisierung ist anzumerken, dass mit dieser Annonce aus dem Jahr 2005 bereits ein früher Beleg für den Professionalisierungsprozess vorliegt, insofern bevorzugt auf Bewerber mit einer besonderen formalen Qualifikation im Wissenschaftsmanagement zurückgegriffen wird.

Bei anderen Vakanzen gehören zu den Dienstaufgaben »u.a. die initiative Mitwirkung bei Beratungen und Entscheidungen, die administrative Unterstützung des Direktoriums und der Universitätsverwaltung« (Heft 39 2006) oder bei einer stärker dem Management-Paradigma verpflichtet Position »die wissenschaftlich-administrative Geschäftsführung [...] und die persönliche Assistenz des Direktors« sowie »die Unterstützung des Direktors bei der strategischen Planung, administrative Koordinierung [...], der Meilensteinplanung und des -controllings« (Heft 36 2009). Gleichzeitig werden aber neben Erfahrungen in »der Wissenschaftsverwaltung« auch akademische »Erfahrungen in einem der drei Forschungsbereiche« (Heft 5 2005), »Interesse an wissenschaftlicher Arbeit und Wissenschaftsmanagement« (Heft 36 2009) oder »Kenntnisse im Wissenschaftsmanagement« und »Erfahrungen in einem der wissenschaftlichen Themenfelder« (Heft 49 2010) vorausgesetzt. In einem Fall ist die ausgeschriebene Stelle »im Rahmen des Ausbaus der Forschungsaktivitäten« ausgeschrieben (Heft 25 2009). Ein weiteres Mal wird hier die Verankerung in zwei Kulturen deutlich. Nicht die Besetzung eines dritten Raumes, sondern die Beherrschung zweier Klaviaturen wäre bildlich gesprochen wohl eine angemessene Beschreibung des bi- oder gar multilateralen Tätigkeitsfeldes. Gleichwohl ist erstaunlich, dass im Rahmen der Ausschreibungen auf weitere managementspezifische Felder kaum Wert gelegt wird, außer vielleicht noch bei den privaten Bildungsanbietern. Denn auch in zwei Kulturen verankert sein soll der Wissenschaftsmanager, den die als GmbH konstituierte Kühne School of Logistics sucht, nämlich »eine hervorragend in Wirtschaft und Wissenschaft vernetzte Persönlichkeit mit Gestaltungswillen und Führungskompetenz«, die ihre Fähigkeiten bereits in

»herausragenden Leitungspositionen im Wissenschaftsmanagement oder im erfolgreichen Management von Unternehmen« nachgewiesen hat (Heft 20 2008).

Eine Vakanz, die qua Aufgabenbeschreibung aus dem bisherigen Rahmen fällt, ist die an der Albert-Ludwigs-Universität im Rahmen der Exzellenzinitiative ausgeschriebene Stelle eines/-r Wissenschaftsmanagers/-in in der »Stabsstelle Strategie und Exzellenz« zum »Aufbau des Bereichs Benchmarking, Bibliometrie, Rankings«, die sich mit der »Etablierung eines strategischen Datenmanagements« befassen soll (Heft 11 2013) und das breit gefächerte Tätigkeitsfeld um weitere Facetten ergänzt.

5.3.11 Forschungskoordination

Die Stellen mit der Bezeichnung »Forschungskoordinator/in« lassen bereits durch ihre Benennung eine Scharnierfunktion der Tätigkeit, gleichwohl mit stärkerer wissenschaftlicher Profilierung, vermuten. Insgesamt ergaben sich für den Untersuchungszeitraum 20 Ausschreibungen, die sich durch eine hohe Homogenität der Tätigkeitsmerkmale auszeichnen. Vom überwiegenden Teil der Annoncen wird infolge der Fokussierung auf die Forschungstätigkeit eine fachlich einschlägige Promotion seitens der Bewerber erwartet. Die Anstellungsdauer, die oft mit Verweis auf die gesetzlichen Bestimmungen angegeben wird, liegt im Durchschnitt bei fast genau drei Jahren, wie bei den zahlenmäßig meisten der Vakanzen, wobei sich das Spektrum von 1 ¾ Jahre bis 5 Jahre erstreckt. Die Bezahlung der überwiegend in Vollzeit ausgeschriebenen Positionen richtet sich nach den tarifvertraglichen Vorgaben von Entgeltgruppe 12 bis maximal 14, wobei die meisten Einstellungen auf Grundlage von Entgeltgruppe 13 erfolgen.

Eine der wenigen Besonderheiten hinsichtlich der Stellenbezeichnung ist eine Vakanz des Max Planck Instituts für Bildungsforschung für eine/n »Public Relations und Forschungskoordinator/in« mit »administrative Aufgaben bei der Organisation von Weiterbildungen« (Heft 36 2013). Dass Forschungskoordination Aufgaben der wissenschaftlichen Geschäftsführung umfasst, belegt eine Ausschreibung des Berliner Zentrums für Literaturforschung, wo ein/e »Geschäftsführer/in und Forschungskoordinator/in« für die »Konzeption und Koordination von Forschungsprojekten, Einwerbung und Verwaltung von Drittmitteln, Unterstützung der Direktorin in der Verwaltung des ZfL, Kommunikation mit Kooperationspartnern, Stiftungen und wissenschaftlichen Einrichtungen, Koordination der wissenschaftlichen und kulturellen Veranstaltungen« (Heft 41 2004) gesucht wurde. Den Schwerpunkt in den Bereich des Wissenschaftsmanagements legt eine Stellenbeschreibung des MPI für Gesellschaftsforschung. Dort wurde ein/e »Akademische/r Forschungskoordinator/in« gesucht, »zur Unterstützung des Direktoriums im Bereich des wissenschaftlichen Managements«, deren/dessen Aufgaben »die Koordination des internationalen Doktorandenprogramms IMPRS-SPCE und die wissenschaftsadministrative Forschungskoordination am Institut« umfassen sollten und von dem/der »Berufserfahrung in einer mit Management oder administrativen Aufgaben verbundenen Position in der Wissenschaft« (Heft 10 2012) verlangt wurde sowie »hervorragende Kommunikationsfähigkeit« (ebd.). Ähnlich hervorgehoben durch ein qualifizierendes, außerdem tautologisches Adjektiv präsentiert sich eine Ausschreibung der Fachhochschule Köln für einen »wissenschaftlichen Forschungskoordinator/in« (Heft 49 2011) zur »Bearbeitung organisatorischer und inhaltlicher Aufgaben zu Verwaltung und Führung des Forschungsinstitutes« (ebd.). Gesucht wurden Bewerber mit »Erfahrung im Management wissenschaftlicher Projekte« (ebd.).

Wie bei den meisten Stellen der Geschäftsführung im Wissenschaftsbereich wird auch in den Ausschreibungen dieser Profilgruppe auf den supportiven Charakter der Vakanzen verwiesen. Beispielsweise ist zu lesen, dass das Arbeitsgebiet »die Unterstützung der Tätigkeit des Direktoriums sowie wissenschaftsadministrative Aufgaben« (Heft 44 2013) umfasst. Oder wird eine »Halbtags-Stelle als Forschungskoordinator/in zur Unterstützung des geschäftsführenden Direktors im Bereich des wissenschaftlichen Managements und der Öffentlichkeitsarbeit« (Heft 13 2008) ausgeschrieben. Auch der Koordinator oder die Koordinatorin des »virtuellen Exzellenznetzwerks« »Research Network on Aging« folgt zwar einerseits der aktuellen Tendenz zur Virtualisierung von Hochschulen, »unterstützt den Direktor« (Heft 49 2013) andererseits aber weiterhin in klassischer Weise. Dass dennoch eine weitere Anpassung der Stelle an die gewandelten Rahmenbedingungen von Wissenschaft stattgefunden hat, legen die bei den Bewerbern gesuchten Fähigkeiten nahe, die im »Management wissenschaftlicher Projekte, in der Drittmittelakquise, Budgetplanung und Personalführung« (Heft 49 2013) liegen.

Auch hier ist erneut die für wissenschaftliche Geschäftsführung typische Scharnierfunktion der Positionen zu finden, die zwischen »Verwaltungsaufgaben« und »Forschungserfahrungen« (Heft 26 2012) angesiedelt ist. So werden beispielsweise in Ausschreibungen genauso die Übernahme von »Verwaltungsaufgaben« verlangt wie die »Koordinierung forschungsbezogener Aufgaben« (Heft 38 2011) oder »Erfahrungen in der Wissenschaftsadministration« und »Kenntnisse der deutschen und internationalen Forschungslandschaft« (Heft 13 2008).

An diese illustrativen Beispiele für die Dynamisierung der Hochschullandschaft schließt sich der bereits anderweitig konstatierte Wandel der Finanzierungsgrundlagen an. Von Bewerbern werden etwa »exzellente Kenntnisse der nationalen und internationalen Wissenschaftsförderung« (Heft 14 2009) oder in Berücksichtigung weiterer Aspekte »Erfahrung in der Einwerbung von Drittmitteln und der Forschungsadministration; gründliche Kenntnisse wissenschaftlicher Forschungsmethoden« (Heft 11 2010) eingefordert. Zusammengefasst werden kann das mit einer überdies für den Professionalisierungsaspekt nicht uninteressanten Ausschreibung aus dem Jahr 2009 als »Kenntnisse und Erfahrungen im Bereich Wissenschaftsmanagement« (Heft 32 2009).

5.3.12 Wissenschaftliche Koordination

Auch die »Wissenschaftliche Koordination« ist an der »Schnittstelle von Wissenschaft und Administration« (Heft 48 2013) bzw. an der »Nahtstelle zwischen Forschung und Verwaltung« (Heft 47 2007 und Heft 1 2008) angesiedelt. Eine Vielzahl der Stellen ist im Zusammenhang mit der »Exzellenzinitiative des Bundes und der Länder zur Förderung von Wissenschaft und Forschung an deutschen Universitäten« (Heft 50 2009) entstanden und im Bereich der »DFG-Graduiertenkollegs« (Heft 37 2013) verortet, wo die »Aufgaben der Geschäftsführung [...] mit denen der wissenschaftlichen Programmgestaltung« (Heft 47 2010) verschmelzen. Vorläufer dieses Tätigkeitsprofils gibt es auf dem Gebiet der ebenfalls von der DFG geförderten Sonderforschungsbereiche. Und auch die außeruniversitären Forschungseinrichtungen, wie beispielsweise Institute der Max Planck Gesellschaft, schreiben solche Stellen aus (z.B. Heft 13 2012). Auffällig ist innerhalb dieser Gruppe, dass die Ausschreibungen im *Arbeitsmarkt* seit 2007 jährlich bei stabil über 20 Vakanzen liegen, mit einem Höhepunkt im Jahr 2011, wo 37 Annoncen vorkamen. Die Jahre zuvor waren lediglich minimal vier (2005) bis maximal 11 (2004) Stellen ausgelobt. Infolge des hohen wissenschaftlichen Anspruchs der Programmträger spielen akademische Belange eine wichtige Rolle bei der Ausschreibungsgestaltung. Gleichzeitig wird jedoch insbesondere bei jüngeren Stellenprofilen auf »Erfahrung im Wissenschaftsmanagement« geachtet sowie

– dem Kontext der Wissenschaftsexzellenz Rechnung tragend – nach Bewerbern »inklusive sehr guter Kenntnisse des deutschen akademischen Systems sowie sehr guter Englisch- und Deutschkenntnisse« (Heft 37 2013) gefahndet.

Wenngleich die Stellenbezeichnung der Profilgruppe »Wissenschaftliche Koordination« dies nicht unmittelbar vermuten lässt, werden in einigen Fällen explizit »Geschäftsführende Aufgaben (inkl. Budgetverantwortung und administrative Pflichten)« (Heft 10 2013) erwähnt. Weiterhin sind »Erfahrungen mit wissenschaftlichen Projekten/Wissenschaftsmanagement« (ebd.), »Erfahrung im Management von Forschungsprojekten« (Heft 22 2013), »einschlägige Erfahrungen im Bereich der Wissenschaftsadministration« (Heft 47 2010), »Erfahrungen im strategischen Forschungs- und Wissenschaftsmanagement« (Heft 22 2009), »Erfahrungen in der Wissenschaftsorganisation und im Umgang mit der universitären Verwaltung, Erfahrungen im internationalen Wissenschaftsbetrieb« (Heft 4 2007) oder »internationale Erfahrung im Bereich der Wissenschaftsadministration, Vertrautheit mit allen Belangen einer zeitgemäßen Forschungsförderung im Spannungsfeld von Wissenschaft, Politik und Geschichte« (Heft 1 2008) gefordert.

In den Ausschreibungen, die »zentrale administrative Koordinationsaufgaben« (Heft 53 2019 und Heft 23 2011) im Fokus haben oder die »leitende Organisation und Durchführung der administrativen Abläufe« (Heft 38 2010) auf die Stelleninhaber übertragen möchten, ist zu erkennen, dass die »Wissenschaftliche Koordination« in zwei Kulturkreisen angesiedelt ist und »Geschäftsführung und wissenschaftliche Koordination« (Heft 22 2013) miteinander verbindet. Infolge der Fördersituation befinden sich die Stellen, wie eine andere Ausschreibung bemerkt, an der »Schnittstelle zwischen Wissenschaft, Universitätsverwaltung und der Deutschen Forschungsgemeinschaft« und umfassen die Verantwortlichkeiten für »Finanz- und Ressourcenbewirtschaftung; Unterstützung der wissenschaftlichen Teilprojekte« (Heft 22 2013).

In anderen Worten, sind die in den Vakanzen gesuchten Persönlichkeiten im Sinne von »Fürsorge-Tragenden für alle Bereiche« (s.o. Kapitel 1) verantwortlich für alle »organisatorischen, administrativen und finanziellen Belange« (Heft 34 2009) bzw. die »organisatorische und administrative Beratung« (Heft 47 2010 und Heft 26 2011). Nur in wenigen Fällen kommen jedoch weitere klassische Tätigkeitsbereich der Geschäftsführung wie etwa »Gremienarbeit und Zuarbeiten für den Vorstand« (Heft 26 2011) vor. Durchgängig ist jedoch die aufgrund des Exzellenzkontextes geforderte Verankerung der Bewerber im Wissenschaftsbereich. So werden beispielsweise »Forschungserfahrungen« (Heft 13 2012) eingefordert oder noch konkreter bestimmt: das »inhaltliche Interesse [...] sollte nach Möglichkeit durch eigene Publikationen belegt sein. Ferner werden Erfahrungen und Kenntnisse in der Koordination und Organisation nationaler und internationaler wissenschaftlicher Projekte erwartet« (Heft 14 2013). Eine weitere Ausschreibung für Wissenschaftliche Koordination im Rahmen eines Forschungsclusters verlangt eine Beteiligung »an der Entwicklung und Umsetzung wissenschaftlicher Konzepte für die Forschungen« (Heft 4 2007). Weniger aktiv, sondern eher supportiv werden in einer anderen Jobbeschreibung »wissenschaftliche Dienstleistungen zur Organisation, Vorbereitung und Durchführung von Forschungstätigkeiten« (Heft 32 2012) erwartet. In einigen Fällen wird auch ausdrücklich darauf hingewiesen, dass eine »wissenschaftliche Weiterqualifikation im Rahmen der Anstellung [...] möglich und erwünscht« (Heft 13 2009) ist.

Der bereits in den Anforderungen an die Sprachfähigkeiten der Bewerber durchschimmernde internationale Anspruch schlägt sich auch in der Benennung der Stellen nieder. Das Freiburg Institute for Advanced Studies (FRIAS) schrieb nämlich die Koordinationsstellen als Positionen für »Scientific Coordinators« aus und betonte, die »zu besetzende Stelle vereint in sich die Aufgaben der Geschäftsführung mit denen der wissenschaftlichen Programmgestaltung« (Heft 47 2007).

Eine weitere Besonderheit, die im Rahmen der Inhaltsanalyse dieser Profilgruppe auftrat, ist etwa eine »Koordinationsstelle zur Wissenschaftsorganisation« (Heft 37 2013), die an einem Graduiertenkolleg der Universität Rostock ausgeschrieben war. Sie »setzt einen Hochschulabschluss, Forschungskompetenz sowie professionelle Sprachkenntnisse (Dt., Engl., Frz.) voraus und umfasst die Administration des GRK, die Organisation des Qualifikationsprogramms, Koordination der inter-/nationalen Kooperationen sowie alle die formale und inhaltliche des GRKs betreffenden Aufgaben (Rechenschaftsbericht und Antragsarbeiten)« (ebd.).

Ebenfalls bemerkenswert, insofern sich hierin eine singuläre Stellenbezeichnung widerspiegelt und in der Formulierung der Ausschreibung zahlreiche Elemente der modernen Wissenschaftslandschaft anzutreffen sind, ist die Vakanz »Koordinator/in für das Wissenschaftsmanagement« (Heft 29 2012). Diese bei der Akademie der Wissenschaften und Literatur in Mainz verortete Stelle, mit der die Ausführungen zur Profilgruppe »Wissenschaftliche Koordination« beendet werden sollen, umfasste die »wissenschaftliche und administrative Begleitung und Betreuung der ADW-Projekte durch regelmäßiges Controlling und Steuerung der bundesweit angesiedelten Projekte hinsichtlich des Projektverlaufs, insbesondere hinsichtlich der in regelmäßigen Abständen durchzuführenden Evaluationen und Durchführungskontrollen; Mitwirkung bei der Initiierung von Neuvorhaben; Erledigung der Korrespondenz im Rahmen der Wissenschaftsverwaltung; Planung, Budgetierung und Controlling der Akademieprogrammmittel (derzeitiger Bewilligungsumfang: ca. 12 Mio. EUR p.a.); Struktur- und Entwicklungsplanung der Personal- und Sachmittelressourcen; Entwicklung, Evaluierung und Einsatz von für die wissenschaftliche Arbeit geeigneten Controllinginstrumenten der Wirtschaftsführung« (Heft 29 2012). Gesucht wurde nach jemandem, der auf »breite und fundierte Erfahrung im gesamten Bereich des Wissenschaftsmanagements, ausgezeichnete Kenntnisse in haushaltstechnischen und buchhalterischen Fragen« zurückgreifen kann und »sehr gute allgemeine Verwaltungskenntnisse« hat (ebd.).

5.3.13 Wissenschaftliche/r Referent/in

Nur in wenigen Ausschreibungen der insgesamt über 500 durch die Datenbankrecherche aufgefundenen Vakanzen in diesem Bereich werden Aufgaben wissenschaftlicher Geschäftsführung umschrieben. Die meisten der Stellen sind im außeruniversitären Umfeld verortet, gerade auch im politischen und verbandspolitischen Raum oder bei Großforschungseinrichtungen und den Wissenschaftsverbünden. Insgesamt verlangen sie von den Bewerbern zwar eine wissenschaftliche Orientierung, häufig verbunden mit dem Vermögen, gewonnene Erkenntnisse konzise für die Vorbereitung von höher in der Hierarchie angesiedelten Entscheidungsprozessen aufzubereiten und Aufgaben stellvertretend wahrnehmen zu können. Klassische administrative Aufgaben spielen dabei hingegen kaum eine Rolle.

Dennoch sollen hier anhand einiger weniger einschlägiger Stellen Ausführungen zur Position des »Wissenschaftlichen Referenten« gemacht werden, um aufzuzeigen, dass sich Tätigkeitsmerkmale wissenschaftlicher Geschäftsführung auch unter dieser Stellenbezeichnung verbergen können. Wesentlicher Bestandteil dieser Profilgruppe, die zum Teil »zur Unterstützung der Geschäftsführung« oder weiterer Leitungspositionen besetzt werden (Heft 33 2013; ähnlich Heft 27 2010; Heft 5 2008; Heft 27 2010), ist die Gremien- und Netzwerkarbeit. So suchte beispielsweise die Leibniz-Gemeinschaft im Jahr 2004 eine »möglichst mit der deutschen Wissenschaftslandschaft vertraute Persönlichkeit« für die »inhaltliche Vor- und Nachbereitung von Gremiensitzungen und Terminen, die Organisation von Veranstaltungen (z.B. parlamentarische Abende und wissenschaftliche Fachtagungen) sowie die Kontaktpflege im administrativen und wissenschaftspolitischen Raum« (Heft 40 2004).

In einer weiteren Vakanz werden die »Vorbereitung der Sitzungen« und die »Betreuung wissenschaftlicher Gremien« genannt, wofür »Erfahrung in der Wissenschaftsadministration« (Heft 17 2005) vorausgesetzt wird. »Koordination aller wichtigen Gremiensitzungen, das Erstellen von Gremienunterlagen« (Heft 16 2008), lautet eine ähnliche Aufgabenumschreibung. Und bei der Berlin-Brandenburgischen Akademie der Wissenschaften wurde von einer wissenschaftlichen Referentin die »Vorbereitung und Begleitung der Ethikrat-Sitzungen; Betreuung der Arbeitsgruppen; Aufnahme und Pflege von Kontakten zu nationalen und internationalen Wissenschaftlichen Organisationen und Beratungsinstitutionen sowie parlamentarischen Vertretern und Regierungsinstanzen« verlangt (Heft 5 2006). Zum hier skizzierten Profil des »Wissenschaftlichen Referenten mit Geschäftsführungsaufgaben« gehören, wie eine andere Ausschreibung formuliert, »Aufgaben, wie Geschäftsführung, Berichtswesen und Evaluation, Vor- und Nachbereitung von Sitzungen und Tagungen, Öffentlichkeitsarbeit, Wissenstransfer, Vorbereitung von Forschungsförderung und Akquisition« (Heft 5 2008) oder »Geschäftsführung, Berichtswesen und Evaluation, Vor- und Nachbereitung von Sitzungen und Tagungen, Öffentlichkeitsarbeit, Wissenstransfer, Vorbereitung von Forschungsförderung und Akquisition« (Heft 21 2009 und Heft 44 2009).

5.3.14 Wissenschaftliche Administration

Eine Ausnahme stellt die Benennung von wissenschaftlicher Geschäftsführung als »Head of Administration« bzw. »Administrator« dar, die in den gesichteten Stellenanzeigen vor allem im hier nicht weiter zu berücksichtigenden angelsächsischen Kontext anzutreffen ist. Nur in wenigen Fällen sind solche Stellen an deutschen Wissenschaftseinrichtungen zu verzeichnen. Zumeist werden sie im Kontext der Exzellenzinitiative ausgeschrieben. Infolge ihrer Bezeichnung wird von Vakanzen dieser Gruppe ein Tätigkeitsschwerpunkt im Bereich der Administration, also der Verwaltung, gesetzt. In Anlehnung an die in den Vereinigten Staaten und Großbritannien übliche Nomenklatur, gerade auch für die Verwaltungsleitung von (Hoch-)Schulen, hatte das im Rahmen der ersten Runde der Exzellenzinitiative gegründete FRIAS (Freiburg Institute for Advanced Studies) seine Geschäftsführungspositionen entsprechend des fremdsprachlichen Exzellenz-Antrages als »Head

Administrator (Leiter/in der Geschäftsführung)« zum »Aufbau und der administrativen Leitung des interdisziplinären Forschungskollegs, bei der Umsetzung seines wissenschaftlichen Programms wie bei seiner internationalen Vernetzung« ausgeschrieben (Heft 47 2007). Gesucht wurde den wissenschaftspolitischen Ambitionen der Exzellenzinitiative entsprechend eine Persönlichkeit, die »internationale Erfahrung im Bereich der Wissenschafts-Administration und umfassende Vertrautheit mit allen Belangen einer zeitgemäßen Forschungsförderung im Spannungsfeld von Wissenschaft, Politik und Gesellschaft« hat (ebd.). Und die, noch zusätzlich, stärker auf die »Soft-Skills« abhebend, ein »eigenständiges intellektuelles Profil; die Begabung zu konzeptionellem und strategischem Denken; Führungsstärke, Belastbarkeit, Organisations- und Kommunikationsvermögen, Flexibilität sowie die Fähigkeit zum Teamwork bei hoher eigener Initiative« einzubringen vermochte (ebd.). Dem »Head of Administration« wurden »Scientific Coordinators« zur Seite gestellt, die für die inhaltliche Ausgestaltung der einzelnen, als »Schools« bezeichneten, Untersuchungsbereiche verantwortlich zeichneten. Die beiden gegebenenfalls außertariflich nach TV-L E 15 vergüteten Stellen wurden, von der Bewilligungsperiode von fünf Jahren unabhängig, unbefristet gewährt, was sich im Rückblick auf die zweite Förderperiode, bei der das Zukunftskonzept der Albert-Ludwigs-Universität Freiburg und mit ihr auch das FRIAS keine Berücksichtigung mehr fand, als wohl etwas zu optimistische Einschätzung erwies. Eine vergleichbare Stelle wurde auch für die ebenfalls mit dem Freiburger Zukunftskonzept verbundene Internationale Graduiertenakademie geschaffen.

Gleichfalls im Rahmen der Exzellenzinitiative schrieb die Georg August-Universität Göttingen für das »Head-Office Förderlinie 3« die Stelle »einer/eines Administratorin/Administrators« aus. Entgegen der eher für den Kontext der Computer-Technologie zu erwartenden Stellenbeschreibung handelte es sich bei der Administratorenstelle nicht um einen Web-Administrator, sondern um breiter angelegte Aufgaben der »Öffentlichkeitsarbeit und Kommunikation«, aber auch um »Organisation von Veranstaltungen und Symposien« sowie »Berichtswesen im Rahmen der Förderlinie 3 der Exzellenzinitiative«, außerdem um die allgemeine »Beteiligung an der Umsetzung von Projekten und Maßnahmen« (Heft 44 2007). Insofern repräsentiert diese zuletzt erwähnten Vakanz eher den Typus der wissenschaftlichen Projektkoordination, vergleichbar etwa mit einer Ausschreibung der Universität Greifswald. Dort wurde nach einem/einer »Projektadministrator/in als Wissenschaftliche/r Mitarbeiter/in« Ausschau gehalten (Heft 26 2007).

Gesucht wurde entweder jemand mit fachlicher »Nähe zur Medizin/Sozialwissenschaften oder aus dem Bereich BWL, VWL, Verwaltung, Gesundheitswirtschaft« (ebd.), was eine Verankerung im fachlichen oder wirtschaftlich-administrativen Bereich erlaubt. Darüber hinaus kommt darin der »Doppelcharakter« der Stellen im breit zwischen akademischem und administrativem Pol gefächerten Gebiet der wissenschaftlichen Geschäftsführung zum Ausdruck. Dies spiegelt sich auch in der Aufgabenbeschreibung wider: »Koordinierung (Personal, Finanzen) verschiedener Drittmittelprojekte im Zusammenhang mit SHIP; Kommunikation mit der internen Verwaltung und den Projektträgern; Analyse von Daten aus der Study of Health in Pomerania (SHIP-0/1)« einerseits. Andererseits werden aber auch »wissenschaftliche Publikationen der Ergebnisse in internationalen, englischsprachigen Fachzeitschriften« (ebd.) eingefordert, was ganz eindeutig auf den gleichermaßen zu bedienenden wissenschaftlichen und administrativen Anspruch der Tätigkeit verweist.

Eine weitere Ausschreibung, die den Aspekt der wissenschaftlichen Geschäftsführung unter der Rubrik »Administration« berührt, stammt vom Kölner Max-Planck-Institut für Biologie des Alterns, wo ein Bewerber für die Stelle eines »wissenschaftlichen Administrators« mit »fundiertem wissenschaftlichem Werdegang« gesucht wurde, der »alle anfallenden wissenschaftlich-administrativen Tätigkeiten des Instituts eigenständig erledigen und als Bindeglied zwischen dem Geschäftsführenden Direktor und anderen Bereichen der wissenschaftlichen Verwaltung des Instituts fungieren« sollte (Heft 13 2008). Der Ausschreibungstext betont ausdrücklich, dass die zunächst auf fünf Jahre befristete und bis TVöD E 15 honorierte Position ein »hohes Maß an wissenschaftlich-administrativen Fähigkeiten« und »wissenschaftlichen Kenntnissen« verlangt (ebd.). Gemäß ihrer Bedeutung, die sich auch im überdurchschnittlichen Salär ausdrückt, wurden alle Stellenannoncen – mit Ausnahme der Greifswalder – im Stellenmarktteil der überregionalen Wochenzeitung *Die ZEIT* veröffentlicht.

5.3.15 Kaufmännische Geschäftsführung/ Kaufmännische Direktion

Stellen für eine als rein kaufmännisch bezeichnete Geschäftsführungstätigkeit im Wissenschaftsbereich sind im Rahmen der gesichteten Annoncen ganz selten. Die wenigen einschlägigen Stellen sind angesichts der zur Kenntnis genommenen Gesamtmenge von ca. 80.000 Vakanzen nahezu vernachlässigbar. Die private Alanus-Hochschule beispielsweise hatte im Jahr 2004 eine Stelle als »Kaufmännische/r Geschäftsführer/in / Verwaltungsleiter/in« (Heft 49 2004), ausgeschrieben. Als Aufgabenprofil dieser nicht eindeutig bezeichneten Vakanz wurden definiert: »Verantwortung für das gesamte Rechnungs- und Vertragswesen der Hochschule, Leitung und Koordination der allgemeinen Verwaltung, Verantwortung für die Personalwirtschaft und das Gebäudemanagement, aktives Fundraising, Beteiligung an der Hochschulleitung« (ebd.). Insofern auch »Interesse an der Weiterentwicklung einer Kunsthochschule und der Zusammenarbeit mit den Hochschullehrern und den Gremien« (ebd.) gefordert wurden, geht die Stelle sowohl über das Profil eines klassischen administrativen als auch über den eines herkömmlichen kaufmännischen Leitungs-Postens weit hinaus. Persönliche Fähigkeiten und Qualitäten der Bewerber sollten überdies noch »solide betriebswirtschaftliche und organisatorische Kenntnisse und Erfahrungen, Sachverstand in rechtlichen Angelegenheiten, überdurchschnittliches Engagement, unternehmerisches Denken und Handeln, Überzeugungskraft, Teamfähigkeit« (ebd.) sein, was allein schon aus dem breit gestreuten Profil erklärlich macht, weshalb keine eindeutige Stellenbezeichnung für die Ausschreibung gewählt wurde.

Ähnlich ist dies bei der Vakanz »Institutsmanager/in / Kaufmännische Geschäftsführung« (Heft 3 2012; s.o. Kapitel 5.3.9), die in einem Programm der Stiftung Mercator gemeinsam mit der Universität Köln ausgeschrieben war und einen »Servicepartner der Universitätsverwaltung für die Wissenschaft« zur Projektverwaltung, Etatverwaltung und Gremienbetreuung suchte.

Das als gemeinnütziger Verein konstituierte Goethe-Institut hatte 2010 eine Ausschreibung für die Position »Kaufmännische/r Direktor/in« (Heft 18 2010) in der *ZEIT* inseriert. Infolge der Satzung war die Stelle auf fünf Jahre befristet und mit Besoldungsgruppe B5 auskömmlich vergütet, bei einem von der Annonce erwähnten jährlich zu verwaltenden Budget von über 300 Millionen Euro aber auch nachvollziehbar. »Zusammen mit dem Generalsekretär bildet der/die kaufmännische Direktor/in den Vorstand des Vereins Goethe-Institut e.V. Der Vorstand führt die Geschäfte des gemeinnützigen Vereins«, lautet die zentrale Passage der Aufgabenbeschreibung, die auf die Organisationsform des Goethe-Instituts und die mit ihr verbundenen Geschäftsführungsaufgaben verweist. In direkter Ansprache an die potentiellen Bewerberinnen und Bewerber formuliert der Text weiterhin: »Ihr unmittelbarer Verantwortungsbereich umfasst die Abteilungen Personal, Finanzen und zentrale Dienste sowie die Stabseinheit Marketing und Vertrieb. Sie vertreten den Generalsekretär gemäß Geschäftsverteilungsplan und sind Beauftragte/r für den Haushalt gemäß Bundeshaushaltsordnung« (ebd.). Voraussetzung zur Einstellung waren unter anderem »langjährige Führungserfahrung in der administrativ-kaufmännischen Steuerung von insbesondere öffentlichen oder öffentlich geförderten/finanzierten Einrichtungen; umfassende Kenntnisse der Regularien und Instrumente öffentlich geförderter Einrichtungen (insb. Haushalts- und Zuwendungsrecht, Tarifrecht des öffentlichen Dienstes, Drittmittelakquisition); umfassende Erfahrung in der Etablierung und Nutzung von zeitgemäßen Steuerungsinstrumenten (insb. Budgetierung, Kosten- und Leistungsrechnung, Übergang von der Kameralistik zur kaufmännischen Buchhaltung)« (ebd.). Anhand dieser hoch voraussetzungsvollen Tätigkeitsbeschreibung lassen sich zugleich interessante Einblicke in die Diskussion um »zeitgemäße« bzw. neue Steuerungsmodelle und die seinerzeit im öffentlichen Dienst laufende Umstellung der Buchhaltung gewinnen. Unmittelbar damit verknüpft ist die Forderung an potentielle Bewerber, »SAP oder andere ERP-Software«-Kenntnisse zu haben (ebd.).

Eine von der Stiftung Mercator ausgeschriebene Vakanz für eine »Kaufmännische Geschäftsführung (m/w)« fasst den »Verantwortungsbereich« der Profilgruppe knapper zusammen: Er »umfasst die Bereiche Organisation, Recht, Personal und Finanzen. Die Geschäftsführung (m/w) ist zuständig für das Vertragswesen, die Verwaltung und Abrechnung der Mittel nach dem öffentlichen Zuwendungsrecht sowie die Aufbau- und Ablauforganisation des Gesamtprogramms« (Heft 2 2011).

5.3.16 Verwaltungsleitung

Auf dem Kontinuum mit den Endpunkten Akademie einerseits und Administration andererseits nähert sich der Tätigkeitsbereich »Verwaltungsleitung« dem letzteren Pol am ehesten in dem breit gefächerten, im Rahmen der explorativen Studie umfassend dargestellten Spektrum der Geschäftsführung im Wissenschaftsbereich. Obgleich man vermuten könnte, die Verwaltungsleitung würde ungefähr dem Aufgabengebiet eines klassischen Hochschul-Kanzlers in seiner Funktion als Leiter der Verwaltung äquivalent sein, ergeben sich doch aus der Analyse der insgesamt 15 Vakanzen einige zusätzliche Aufgaben, die über die herkömmliche Hochschul- oder Wissenschaftsverwaltung hinausreichen und den Aspekt der Geschäftsführung berühren. Außerdem wird vielmals der fachliche Kontext der Bewerber als zusätzliches Einstellungskriterium genannt. Eher selten sind die Ausschreibungen an Hochschulen angesiedelt. Eine Ausnahme hierbei ist die von der privaten Alanus Hochschule ausgeschriebene Vakanz für »eine/-n Kaufmännische/-n Geschäftsführer/-in / Verwaltungsleiter/-in«, die bereits in der Stellenbezeichnung die Kombination von Verwaltungs- und Geschäftsführungsaufgaben in dieser Profilgruppe belegt und als Aufgabenbereich die »Verantwortung für das gesamte Rechnungs- und Vertragswesen der Hochschule, Leitung und Koordination der allgemeinen Verwaltung, Verantwortung für die Personalwirtschaft und das Gebäudemanagement, aktives Fundraising, Beteiligung an der Hochschulleitung« (Heft 49 2004) benennt. Typische Arbeitgeber der Profilgruppe »Verwaltungsleitung« sind als Stiftungen konstituierte Gedenkstätten oder historische Institute wie die Deutschen Historischen Institute in Rom, Paris und Warschau, welche als Besonderheit jeweils die Landessprache des Dienstortes voraussetzen, oder auch das Institut für Zeitgeschichte in München, das eine Verwaltungsleitung »für den gesamten administrativen Geschäftsbereich der Stiftung« suchte (Heft 46 2013). Der breite Aufgabenbereiche dieser Vakanz umfasst die »kaufmännische Finanz- und Haushaltsplanung/-vollzug und deren Verwendungsnachweis im Rahmen von Programmbudgets und Kosten-Leistungs-Rechnung; Personalwesen (Beschäftigte TV-L) und Zusammenarbeit mit der Personalvertretung; Bauangelegenheiten und Liegenschaftsverwaltung; Beratung der Direktion in allen Rechts- und Vertragsangelegenheiten« (ebd.). Als Anforderungsprofil wird ein Studium der »Verwaltungswissenschaften, Rechtswissenschaften, Betriebswirtschaft oder Geschichtswissenschaften mit auf das [...] angeführte Aufgabengebiet bezogenen Kenntnissen und Erfahrungen« sowie »mehrjährige Berufserfahrungen in der Wissenschafts- oder Hochschulverwaltung« gefordert (ebd.). Die hoch voraussetzungsvollen Positionen der im Ausland gelegenen historischen Institute werden jedoch nur mit Entgeltgruppe 12 vergütet, wohingegen die meisten der im Inland angesiedelten Vakanzen zwei Entgeltgruppen höher, also mit Entgeltgruppe 14, besoldet sind.

Eine Ausschreibung, die von einer Gedenkstättenstiftung annonciert wurde und eine Halbtagskraft suchte, umfasst die »administrative Leitung der Stiftung insbesondere durch Erfüllung der vom Vorstand der Stiftung übertragenen satzungsmäßigen Aufgaben; Ausführung der Entscheidungen des Vorstandes sowie dessen Beratung; Gremienarbeit; gerichtliche sowie außergerichtliche Vertretung der Stiftung; Entwicklung stiftungsübergreifender wirtschaftlicher sowie organisatorischer Lösungen; Ausarbeitung von Verträgen in unterschiedlichsten Bereichen; Kommunikation/Verhandlungen mit Zuwendungsgebern und Interessenverbänden; Leitung der Geschäftsstelle; Ausübung der Funktion als Beauftragte/r des Haushalts (Haushaltsaufstellung und -bewirtschaftung)« (Heft 34 2013). Zu den in der Ausschreibung erwähnten Anforderungen gehörte ein »abgeschlossenes Hochschulstudium der Fachrichtungen Rechtswissenschaften, Verwaltungs- oder Wirtschaftswissenschaften oder vergleichbare Kenntnisse« und »Berufserfahrung in der öffentlichen Verwaltung« (ebd.). Trotz dieses für eine halbe Stelle bereits beträchtlichen Straußes an Aufgaben und Anforderungen wurde zusätzlich noch betont, dass außerdem Fachkenntnisse im Arbeitsbereich der Stiftung »wünschenswert« seien (ebd.). Diese bereits eingangs erwähnte Tendenz, Verwaltungsleitungen auch nach zusätzlichen fachlich-akademischen Kriterien auszuwählen, zeigt sich auch in Forderungen, dass »Abschlüsse in den Fachrichtungen [...] wünschenswert« (Heft 12 2010) seien oder ein »hohes Maß an Methoden- und Sozialkompetenz« (Heft 37 2008) verlangt wird.

Eine Ausnahme hierbei bildet eine Vakanz des DHI Paris, die für die Verwaltungsleitung entsprechend der klassischen Rekrutierungswege Bewerber mit »Fachhochschulabschluss als Diplomverwaltungswirt/in« (Heft 52 2008) bevorzugt. Weitere Aufgabenbeschreibungen betonen den nach mehreren Richtungen gerichteten kooperativen Charakter der Stellen. So suchte die Universität Würzburg für ihr Sprachenzentrum eine Verwaltungsleitung zur Betrauung mit der »technischen und organisatorischen Leitung des Zentrums in Absprache mit dem wissenschaftlichen Leiter« (Heft 34 2005) oder das DHI in Rom für die »Leitung der Verwaltung und des inneren Dienstes« und die »Zusammenarbeit mit Wissenschaftler/innen« eine Person mit »Erfahrungen in der Wissenschaftsverwaltung« (Heft 01 2013 u.ö., DHI Rom über DGIA). Anforderungen an die Bewerber/innen sind »einschlägige Berufs- bzw. Verwaltungserfahrung, umfassende Kenntnisse im öffentlichen Dienstrecht, in der Personalverwaltung und im Haushaltswesen« (Heft 35 2010 DHI Warschau, auch schon Heft 17 2009). So kommt einem Verwaltungsleiter also die »Aufsicht über alle verwaltungsrelevanten Vorgänge« (Heft 02 2012) zu. Und in einem anderen Fall umfasst sein Aufgabengebiet in ähnlich umfassender Formulierung »alle Angelegenheiten der Verwaltung und das Management der Stiftung« (Heft 39 2010), oder etwas ausführlicher aufgeschlüsselt und die am häufigsten genannten Bereiche zusammenfassend: »die Wahrnehmung aller allgemeinen Verwaltungs- und Vertragsangelegenheiten, wie Personal-, Haushalts- und Gebäudemanagement« (Heft 37 2008). So sind Verwaltungsleiter also, um eine weiteren Ausschreibungstext zu zitieren, Spezialisten in den Bereichen »Personal, Finanzen, Liegenschaften und

Technik« (Heft 17 2010), »unterstützen [...] den Geschäftsführenden Direktor und beraten den Stiftungsrat« und agieren beispielsweise als »Mitglied des Institutsrates und Ansprechpartner für Wissenschaftler in allen administrativen Fragen«, wofür, um zum Schluss noch einen Blick auf Professionalisierungserfordernisse zur richten, »mehrjährige Berufserfahrung, idealerweise in der Wissenschaftsverwaltung« und »Erfahrungen im Forschungs- und Projektmanagement« (ebd.) von Vorteil sein können.

6. Fazit zur Entwicklung des Stellenmarktes für Geschäftsführungspositionen im Wissenschaftsbereich

Um zum Schluss der explorativen Studie die wesentlichsten Ergebnisse zur Entwicklung des Stellenmarktes für Positionen wissenschaftlicher Geschäftsführung in den Jahren 2004 bis 2013 zusammenzufassen, kann konstatiert werden, dass sich die Professionalisierungsthese für den hier untersuchten Bereich als valide erwiesen hat. »Professionalisierung: ja, neue Profession: nein«, könnte fernerhin in Auseinandersetzung mit Meyer-Guckel (ders. 2011, s.o. Kapitel 4) bzw. in Anlehnung an Fedrowitz, Leichsenring und von Stuckrad (dies. 2014: »Professionalisierung ohne Profession?«) resümiert werden. Denn obgleich im gesichteten empirischen Material vielfältige Anzeichen für eine Professionalisierung zu erkennen sind und diese sich auch gehäuft anhand von jüngeren Ausschreibungstexten belegen lassen, scheint das ausfindig gemachte und inhaltsanalytisch konturierte Spektrum der insgesamt 16 Profilgruppen mit jeweils unterschiedlichem Anteil wissenschaftlicher Geschäftsführungstätigkeit – und überdies auch noch mit unterschiedlicher Verortung im Kontinuum von Akademie und Administration – sich gegen eine Vereinheitlichung im Sinne des Vorhandenseins einer einzigen Profession zu sperren. Und als »taufrisch« wäre, wie im historischen Rekurs bis auf die Anfänge der Geschäftsführung im Römischen Reich gezeigt werden konnte, diese vermeintlich »neue Profession« wohl auch nicht zu deklarieren. Sowohl in Tätigkeitsumfang als auch in der Tätigkeitstiefe sind die Vakanzen im untersuchten Feld zu stark differenziert, um anstelle der empirisch gegebenen Vielfalt der Schnittstellenpositionen von einer Einheit sprechen zu können. Auch stellen die eingeschränkte Entscheidungsautonomie der supportiven Vertretungspositionen und die trotz zunehmender Zahl strukturierter Qualifizierungsangebote nach wie vor uneinheitlichen Rekrutierungs- und Karrierewege (*noch*, vermutlich gar längerfristig) Hindernisse für die Herausbildung einer kohärenten, in sich geschlossenen Profession im Sinne klassischer professionssoziologischer Ansätze dar.

Von der historischen Genese des Geschäftsführungsverständnisses als »Fürsorgetragender für alle Angelegenheiten« im Römischen Recht ausgehend wurde im Rahmen einer Satzungsanalyse eine zunächst auf außeruniversitäre Wissenschaftseinrichtungen fokussierte heuristische

Annäherung an einschlägige Tätigkeitsschwerpunkte vorgenommen (vgl. die Auflistung der Ergebnisse oben auf S. 26 f.). Außerdem konnte ein hoher Interferenzgrad zwischen formaler Trägerstruktur und inhaltlichem Tätigkeitsprofil der Positionen der »Geschäftsführung durch Vertretung« festgestellt werden. Ebenfalls ließ sich eine gewisse Nähe zum Prinzip der Wirtschaftlichkeit und zum Management-Paradigma konzedieren.

Kernbestandteile des übergeordneten Stellenprofils sind die in ihm repräsentierte »Doppel- oder Mehrfachbezüglichkeit« sowie der Dienstleistungscharakter der Geschäftsführung im Wissenschaftsbereich. Letzterer leitet sich zu einem großen Teil auch aus der rechtlichen Grundlegung der Geschäftsführung durch Beauftragung in § 30 BGB ab. Die dort formulierten Prämissen finden sich ebenso bei den zeitlich später entstandenen, gleichwohl nicht genuin an diese rechtlichen Vorgaben gebundenen Geschäftsführungspositionen. Um die Stellenmarktanalyse der 78.080 Ausschreibungstexte des Informationsdienstes *Arbeitsmarkt Bildung – Sozialwesen – Kultur* überdies theoretisch zu fundieren, wurde sie ausführlich in den fachwissenschaftlichen Professionalisierungsdiskurs eingebettet. Daraufhin konnten verschiedene Positionen des außeruniversitären und universitären Wissenschaftsbetriebs anhand des empirischen Materials in Form von Profilgruppen herauskristallisiert werden. Im Rahmen der Analyse trat ein eindeutiger Schwerpunkt bei der »Wissenschaftlichen Geschäftsführung durch Vertretung« zutage. Insgesamt betrachtet äußerte sich das auch in einer quantitativen Zunahme und in einer qualitativen Ausdifferenzierung der Positionen im Verlauf des Untersuchungszeitraums von 2004 bis 2013. Begründet ist dieses Phänomen wesentlich in der Übertragung der ursprünglich im Kontext der akademischen Selbstverwaltung verorteten »Nebentätigkeit« auf Hauptamtliche, was zu einem quantitativen Anstieg und zu qualitativen Ausdifferenzierungen führte. Überdies konnte aus metasoziologischer Sicht eine übergeordnete qualitative Entwicklungstendenz herausgearbeitet werden, welche sich mit der von Niklas Luhmann in Nachfolge Max Webers (Weber 1992) vertretenen These zunehmender Ausdifferenzierung gesellschaftlicher Subsysteme erklären lässt. Auch trägt diese Entwicklungstendenz den spezifischen Professionalisierungsbedingungen des Wissenschafts- und Erziehungssystems Rechnung (Luhmann 1992 und bes. 2002). Neben der sachlogischen Herleitung der quantitativen Zunahme der Positionen aus dem allgemeinen Anwachsen des Stellenmarktes für Geschäftsführungen vermag die Weber-Luhmannsche Spezialisierungs- und Ausdifferenzierungsthese einen großen Erklärungsbeitrag für die qualitativen Veränderungen zu leisten.

Konkret greifbare veränderungsauslösende Faktoren eines insgesamt zu konstatierenden globalen Wandels, der sich auch im gesellschaftlichen Teilsystem der Wissenschaft niederschlägt, wären zum Beispiel Phänomene wie die Exzellenzinitiative oder der Bologna-Prozess. Beide haben eindeutige Spuren im Stellenmarkt hinterlassen, was anhand des empirischen Materials aufgezeigt werden konnte. Positionen wie Geschäftsführungen von Graduiertenschulen oder Wissenschaftliche Koordinatoren mit Aufgaben in der Qualitätssicherung geben ebenso Beleg davon, wie die zunehmenden Internationalisierungstendenzen seit etwa der Mitte des Untersuchungszeitraums. Die ebenfalls aus dem Material herausgearbeitete Zunahme von Referenten-Positionen ist ein weiteres Indiz für die Ausdifferenzierungsthese. Die Entkoppelung von ehedem wissenschaftlicher und geschäftsführerischer Tätigkeit stellt ein gleichfalls in diese Reihe einzuordnendes Phänomen dar, das vor allem in den auf Dekanats- und Fakultätsebene angesiedelten Profilgruppen angetroffen werden konnte. Mit diesen substitutiven Positionen ist außerdem einer der größten Wachstumsbereiche der wissenschaftlichen Geschäftsführung im Hochschulbereich in jüngerer Zeit identifiziert. Die in den Ausschreibungstexten abgebildete Verlagerung von der zentralen Mittelverwaltung zur dezentralen Budgethoheit und zu neuen Steuerungsmodellen wäre ein weiteres Ergebnis, das im Zehnjahresvergleich wesentliche, vom Stellenmarkt gespiegelte Veränderungen erkennen lässt.

Ein anderes zentrales Resultat der explorativen Studie ist, dass im Zusammenhang mit Geschäftsführungspositionen im Wissenschaftsbereich eher nicht in Anlehnung an Whitchurch von einem »Third Space« gesprochen werden sollte. Vielmehr heben die Ausschreibungstexte durchweg den verbindenden und integrativen Charakter sowie die Scharnierfunktion der vielgestaltigen Positionen hervor. Auch eignen den ausgeschriebenen Stellen sowohl Aufgaben der Administration als auch akademische – allerdings in je Profilgruppe unterschiedlichen Mischungsverhältnissen. Ähnliches gilt für den Kompetenzkatalog der analysierten Vakanzen. Schwerpunkte liegen insbesondere auf Fähigkeiten, die den konnexiven Charakter des Aufgabenfeldes betonen. Am exponiertesten ist das in der häufig von den Ausschreibungstexten genannten Kommunikations- und Kooperationsfähigkeit der gesuchten Bewerber repräsentiert. Weitere Anforderungen, die im analysierten Material oftmals hiermit verbunden sind, stellen Aufgaben der Koordinierung und Abstimmung zwischen verschiedenen Stakeholdern und Interessensgruppen dar. Allgemein zeugen diese profilgruppenübergreifend festgestellten Anforderungen von einer hohen kulturellen Translationsfähigkeit, die von Bewerbern im Feld der wissenschaftlichen Geschäftsführung eingefordert wird.

In zeitlicher Fortführung der Studie von Blümel, Kloke und Krücken (z.B. dies. 2010), die den Zeitraum von 1994 bis 2004 umfasst, zeigt sich, um die Ergebnisse der Studie resümierend auch im bislang leider nur sporadisch geführten Forschungsdiskurs zum akademisch-administrativen Stellenmarkt zu verorten, dass sich im Dezennium seit 2004 wesentlich stärkere Veränderungen ergeben haben als dies vorgenannte Autoren für den davorliegenden Untersuchungszeitraum nahelegen. Die Veränderungen gehen weit über lediglich interne Umschichtungsprozesse hinaus. Auf solche Tendenzen hatten die Arbeiten von Kehm zur Gruppe der sogenannten »Hochschulprofessionellen« und weitere internationale Studien bereits hingedeutet (Kehm 2010). Im Rahmen eines Pretests und der quantitativen und qualitativen Inhaltsanalyse des empirischen Materials konnte festgestellt werden, dass nicht nur qua Stellenbezeichnung einschlägige Positionen Tätigkeitsmerkmale der wissenschaftlichen Geschäftsführung aufweisen. Deswegen wurden zahlreiche thematisch verwandte Profilgruppen im Spektrum von Wissenschaft und Geschäftsführung bzw. Akademie und Administration analysiert und deren Spezifika anhand des empirischen Materials herausgestellt. Für all jene Profilgruppen, die über eine aussagekräftige statistische Grundgesamtheit verfügten, ist in linearer Betrachtungsweise ein quantitativer Anstieg festzustellen (vgl. hierfür insbesondere die Diagramme 1 bis 5).

Um explizit auf die Professionalisierungsthese und weitere qualitative Aspekte zu sprechen zu kommen, ist überdies zu konstatieren, dass in den jüngeren Ausschreibungstexten vermehrt einschlägige Berufserfahrungen von den Bewerbern verlangt werden. Häufig wird diese Anforderung mit »Erfahrung im Wissenschaftsmanagement« umschrieben. Damit ist zugleich ein eindeutiger Hinweis auf die zunehmende Akzeptanz des Wissenschaftsmanagements bei den Arbeitgebern gegeben. In diesem Kontext ist als weiteres interessantes Ergebnis festzuhalten, dass sich der für die Analyse herangezogene »Geschäfts-Begriff« als wesentlich flexibler erwiesen hat als der im Stellenprofil »Wissenschaftsmanagement« geborgene – und die Auseinandersetzung der jüngeren Zeit stark prägende – »Management-Begriff«. Dies ist vor allem insofern der Fall, da der integrative »Geschäfts-Begriff« neutraler und weniger normativ aufgeladen ist. Auch wird er im Gegensatz zum Management-Paradigma von Kritikern nicht mit – gleichwohl oft unhinterfragten – Prämissen und Verdikten belegt, was bisweilen eine sachliche Argumentation zusätzlich erschwert. Insofern das Management-Paradigma als Ausfluss globaler Veränderungsprozesse für den qualitativen Wandel mitursächlich ist, bietet es sich also einerseits nur bedingt für eine wissenschaftlich neutrale Annäherung an den Professionalisierungsdiskurs an. Das schließt andererseits jedoch nicht aus, dass im Rahmen vorliegender Studie Innovationskraft bezüglich neuer Stellenzuschnitte vermehrt im privathochschulischen Umfeld sowie in – dem Management-Paradigma verpflichteten – wirtschaftsnahen Wissenschaftskontexten angetroffen wurde.

Weiterführende Erkenntnisse zur zusätzlichen Konturierung der Geschäftsführung im Wissenschaftsbereich wären in Konfrontation der aus der Stellenmarktanalyse gewonnenen Erkenntnisse mit zusätzlichen Perspektiven und Fragestellungen zu gewinnen. So dürften Interviews mit Stelleninhabern einschlägiger Positionen zu einer zusätzlichen Ausdifferenzierung der Ergebnisse führen. Genauso wie Arbeitgeberbefragungen könnten sie komplementär dazu beitragen, die anhand der Stellenmarktanalyse getroffenen Aussagen zu den verschiedenen Profilgruppen zu überprüfen. Von großem Interesse wäre hierbei die Frage nach der jeweiligen anteilsmäßigen Gewichtung der zwischen Wissenschaft und Geschäftsführung bzw. Akademie und Administration changierenden Aufgaben. Eine weitere Frage, die vertiefend gestellt werden könnte, wäre die nach dem Abgleich zwischen den in den Ausschreibungen genannten Anforderungen und der Handhabung dieser durch Stelleninhaber und Arbeitgeber im Arbeitsalltag (siehe hierzu die Ansätze von Kehm 2010 und Fedrowitz/Leichsenring/Struckrad 2014).

Um die universitären und außeruniversitären »Dilletantenverwaltungen« (Kühl 2007a und b in Anlehnung an Luhmann) sowie deren Rekrutierungsmuster mit ihren spezifischen Anforderungsprofilen und den Notwendigkeiten einer zunehmenden Professionalisierung besser zu verstehen, leistete diese Studie einen wichtigen Beitrag, insofern sie – in bewusst breit gewählter Annäherung – erstmalig das facettenreiche Tätigkeitsprofil der Geschäftsführung im Wissenschaftsbereich anhand hochgradig validem Quellenmaterial für den Zeitraum von 2004 bis 2013 wissenschaftlich fundiert hat und dabei die Professionalisierungsthese überprüfte.

7. Literaturverzeichnis in Gestalt einer Forschungsbibliographie

Abbott, Andrew: The Future of Professions. Occupations and Expertise in the Age of Organizations, in: Tolbert, Pamela/Barley, Stephen (Hg.): *Research in the Sociology of Organizations: Organizations and Professions*, Greenwich 1991, 17-42.

Abbott, Andrew: *The System of Professions. An Essay on the Division of Expert Labour*, Chicago/London 1988.

Adamczak, Wolfgang/Debusmann, Robert/Merkator, Nadine: *Traumberuf Forschungsreferentin* (Werkstattbericht 68), Kassel 2007.

Aebele, Andrea E. (Hg.): *Frauen und Männer in akademischen Professionen. Berufsverläufe und Berufserfolg*, Heidelberg 2003.

Alber, Matthias/Märkle, Rudi W. unter Mitwirkung von Horn, Wolfgang/ Leis, Andreas: *Der Verein im Zivil- und Steuerrecht*, 12., neu bearbeitete Auflage, Stuttgart/München/Hannover/Berlin/Weimar/Dresden 2008.

Alesi, Bettina (Hg.): *Aktuelle hochschulpolitische Trends im Spiegel von Expertisen. Internationalisierung, Strukturwandel, Berufseinstieg für Absolventen*, Kassel 2010.

Alfred, Richard: *Performance. The Dynamic of Results in Postsecondary Organizations*, Lanham 2012.

Allen, David K.: Organizational Climate and Srategic Change in Higher Education: Organizational Insecurity, in: *Higher Education* 46 (2003) Heft 1, 61-92.

Allen, Jim (Hg.): *The Flexible Professional in the Knowledge Society. New Challenges for Higher Education*, Dordrecht 2011.

Allmendinger, Jutta (Hg.): *Karriere ohne Vorlage. Junge Akademiker zwischen Studium und Beruf*, Hamburg 2005.

Altbach, Philip: *The International Academic Profession. Portraits of Fourteen Countries*, Princeton 1996.

Amaral, Alberto (Hg.): *European Integration and the Governance of Higher Education and Research*, Dordrecht 2009.

Amaral, Alberto/Jones, Glenn/Karseth, Berit (Hg.): *Governing Higher Education: National Perspectives and Institutional Governance*, Dordrecht 2002.

Amaral, Alberto/Meek, Lynn/Larsen, Ingvild (Hg.): *The Higher Education Managerial Revolution?*, Dordrecht 2003.

Amaral, Alberto/Santiago, Rui/Carvalho, Theresa/Meek, Lynn von: Changing Patterns in the Middle Management of Higher Education Institutions: The Case of Portugal, in: *Higher Education* 52 (2004), 215-250.

Armbruster, Bent: Professionelles Schnittstellenmanagement. Die Hochschule als Team, in: Kehm, Barbara/Mayer, Evelies/Teichler, Ulrich/Rittgerott, Christiane (Hg.): *Hochschulen in neuer Verantwortung. Strategisch, überlastet, divers?*, Bonn 2008, 179-181.

Askling, Berit: Higher Education and Academic Staff in a Period of Policy and System Change, in: *Higher Education* 41 (2001) Heft 1/2, 157-181.

Attanasio, Massimo (Hg.): *Statistical Methods for the Evaluation of University Systems*, Heidelberg 2011.

Baker, David P. (Hg.): *The Worldwide Transformation of Higher Education*, Bingley 2008.

Banscherus, Ulf/Doerre, Klaus/Neis, Matthias/Wolter, Andrä: *Arbeitsplatz Hochschule. Zum Wandel von Arbeit und Beschäftigung in der »unternehmerischen Universität«* (WiSo-Diskurs. Friedrich-Ebert-Stiftung), Bonn 2009.

Bargh, Catherine/Bocock, Jean/Scott, Peter/Smith, David: *University Leadership: The Role of the Chief Executive*, Buckingham 2000.

Barnett, Ronald: *Realizing the University in an Age of Supercomplexity*, Buckingham 2000.

Barnett, Ronald/DiNapoli, Robert: *Changing Identities in Higher Education*, London 2007.

Basett, Roberta/Maldonado, Alma (Hg.): *International Organizations and Higher Education Policy. Thinking Globally, Acting Locally*, London 2009.

Bastedo, Michael N. (Hg.): *The Organization of Higher Education. Managing Colleges for a New Era*, Baltimore 2012.

Bath, Debra/Smith, Calvin: Academic Developers. An Academic Tribe Claiming their Territory in Higher Education, in: *International Journal for Academic Development* 9 (2004), Heft 1, 9-27.

Bauer, Ulrich/Heimerl, Peter/Weichsler, Martina: *Universitäre Personal-Kompetenzentwicklung am Beispiel der Technischen Universität Graz*, Graz 2006.

Bäuerlen, Annika: *Personalentwicklung an Universitäten. Ein Beitrag zur Lernfähigkeit einer Organisation des Lernens*, Hamburg 2009.

Baume, David/Kahn, Peter (Hg.): *Enhancing Staff and Educational Development*, New York 2004.

Bayerisches Staatsinstitut für Hochschulforschung und Hochschulplanung: *Das deutsche Wissenschaftssystem im Wettbewerb*, München 2013.

Becher, Tony/Trowler, Paul: *Academic Tribes and Territories: Intellectual Enquiry and the Cultures of Disciplines*, Buckingham 2001.

Beck, Ulrich/Bonß, Wolfgang (Hg.): *Die Modernisierung der Moderne*, Frankfurt am Main 2001.

Beck, Ulrich/Bonß, Wolfgang/Lau, Christoph: *Entgrenzung und Entscheidung: Was ist neu an der Theorie der reflexiven Modernisierung?* Frankfurt am Main 2004.

Becker, Fred G./Tadsen, Wögen; Wild, Elke/Stegmüller, Ralph: Zur Professionalität von Hochschulleitungen im Hochschulmanagement: Organisationstheoretische Erklärungsversuche zu einer Interviewserie, in: Wilkesmann, Uwe/Schmid, Christian J. (Hg): *Hochschule als Organisation*, Wiesbaden 2012, 191-205.

Becker, Ralph (Hg.): *Strategien in Wissenschaftsorganisationen. Grundlagen, Beispiele*, Bonn 2010.

Behmel, Albrecht (Hg.): *Das kleine Lexikon der Hochschulbegriffe. Akademische Fachbegriffe aus Tradition und Gegenwart*, Stuttgart 2012.

Berkenbusch, Gabriele/Weyhe, Jens/Wiesbaum, Elisa: *Zwischen Hochschule und Arbeitsmarkt. Die Absolventenstudie der Fakultät Angewandte Sprachen und Interkulturelle Kommunikation der Westsächsischen Hochschule*, Stuttgart 2012.

Bhabha, Homi: *The Location of Culture*, London/New York 1994.

Bhabha, Homi: The Third Space: Interview with Homi Bhabha, in: ders.: *Identity: Community, Culture, Difference*, London 1990, 207-221.

Biester, Christopher: *Leistungsorientierte Vergütung in der Wissenschaft. Eine theoretische und empirische Analyse der neuen Professorenbesoldung*, Weinheim 2013.

Blackmore, Paul: Conceptions of Development in Higher Education Institutions, in: *Studies in Higher Education* 34 (2009), Heft 6, 663-676.

Blackwell, Richard/Blackmore, Paul: *Towards Strategic Staff Development*, Buckingham 2003.

Blanz, Matthias: *Wahrnehmung von Personen als Gruppenmitglieder. Untersuchungen zur Salienz sozialer Kategorien*, Münster 1998.

Blättel-Mink, Birgit: Wissenschaftsmanagement. Neue Karrierewege für Frauen?, in: dies. (Hg.): *Gleichstellung im Reformprozess der Hochschulen. Neue Karrierewege für Frauen?*, Sulzbach am Taunus 2011, 37-59.

Blümel, Albrecht/Kloke, Katharina/Krücken, Georg: Professionalisierungsprozesse im Hochschulmanagement in Deutschland, in: Lange, Andreas (Hg.): *Professionalisierung im Not-for-Profit-Management*, Wiesbaden 2011, 105-131.

Blümel, Albrecht/Kloke, Katharina/Krücken, Georg: *Hochschulkanzler in Deutschland: Ergebnisse einer hochschulübergreifenden Befragung.* Deutsches Forschungsinstitut für Öffentliche Verwaltung (FÖV) Speyer, Speyer 2010 (http://www.foev-speyer.de/hochschulprofessionalisierung/pdfs/Bericht%20Befragung%20Hochschulkanzler%20in%20D.pdf, Stand: 30.08.2010).

Blümel, Albrecht/Kloke, Katharina/Krücken, Georg/Netz, Nicolai: Restrukturierung statt Expansion. Entwicklungen im Bereich des nichtwissenschaftlichen Personals an deutschen Hochschulen, in: *Die Hochschule 19* (2010), Heft 2, 154-172.

Blümel, Albrecht/Krücken, Georg/Kloke, Katharina: *Towards Organizational Actorhood of Uniersities: Occupational and Organizational Change within German University Administrations*, FÖV Discussion Papers 48, Speyer 2009.

Blumenreich, Ulrike (Hg.): *Studium, Arbeitsmarkt, Kultur. Ergebnisse des Forschungsprojektes*, Essen 2012.

Böckelmann, Christine: *Arbeitsplatz Hochschule. Vom Allrounder-Anspruch zum kompetenzbasierten Personalmanagement*, Münster 2009.

Boer, Harry de/Enders, Jürgen/Schimank, Uwe: On the Way Towards New Public Management? The Governance of Universit Systems in England, the Netherlands, Austria, and Germany, in: Jansen, Dorothea (Hg.): *New Forms of Governance in Research Organizations – Disciplinary Approaches, Interfaces and Intergration*, Dordrecht 2007, 37-152.

Bogumil, Jörg: *Modernisierung der Universitäten. Umsetzungsstand und Wirkungen neuer Steuerungsinstrumente*, Berlin 2013.

Boli, John/Thomas, George (Hg.): *Constructing World Culture: International Nongovernmental Organizations Since 1875*, Stanford 1999.

Braun, Dietmar/Merrien, Franz-Xaver (Hg.): *Towards a New Model of Governance for Universities? A Comparative View*, London 1999.

Braun, Dietmar/Merrien, Franz-Xaver: Governance of Universities and Modernisation of the State: Analytical Aspects, in: dies. (Hg.): *Towards a New Model of Governance for Universities? A Comparative View*, London 1999, 9-33.

Briedis, Kolja/HIS Hochschul-Informations-System GmbH: *Studienaufnahme, Studium und Berufsverbleib von Mathematikern. Einige Grunddaten zum Jahr der Mathematik*, Hannover 2008.

Brinckmann, Hans: *Die Neue Freiheit der Universität. Operative Autonomie für Lehre und Forschung an Hochschulen*, Berlin 1998.

Brink, Gunnar: *Forschungsmanagement für den täglichen Gebrauch*, Frankfurt am Main 2010.

Brint, Steven: *In an Age of Experts. The Changing Role of Professionals in Politics and Public Life*, Princeton 1994.

Brüggemeier, Martin: Public Management, in: Hanft, Barbara (Hg.): *Grundbegriffe des Hochschulmanagements*, Neuwied/Kriftel 2001, 377-383.

Brunsson, Nils/Sahlin-Andersson, Kerstin: Constructing Organizations: The Example of Public Sector Reform, in: *Organization Studies* 21 (2000), 721-746.

Bürgerliches Gesetzbuch. Textausgabe mit Allgemeinem Gleichbehandlungsgesetz, BeurkundungsG, BGB-Informationspflichten-Verordnung, Einführungsgesetz, Erbbaurechtsgesetz, Lebenspartnerschaftsgesetz, Produkthaftungsgesetz, Unterlassungsklagengesetz und Wohnungseigentumsgesetz. Textausgabe mit ausführlichem Sachverzeichnis und einer Einführung von Helmut Köhler, 72. Überarbeitete Auflage, Stand 22. Juli 2013, München 2013 (= BGB).

Bull, Hans: *Vom Staatsdiener zum öffentlichen Dienstleister. Zur Zukunft des Dienstrechts*, Berlin 2006.

Buller, Jeffrey L.: *The Essential Academic Dean. A Practical Guide to College Leadership*, San Francisco 2007.

Bultmann, Thomas/Rosa-Luxemburg-Stiftung (Hg.): *Prekarisierung der Wissenschaft*, Berlin 2008.

Bund-Länder-Kommission für Bildungsplanung und Forschungsförderung (BLK): *Frauen in Führungspositionen an Hochschulen und außerhochschulischen Forschungseinrichtungen. Zehnte Fortschreibung des Datenmaterials*, Bonn 2006.

Buntrock, Matthias/DHV: *Die Hochschulen als Unternehmen. Symposium des Deutschen Hochschulverbandes am 22. Oktober 2007 in Bonn*, Bonn 2010.

Burkhardt, Anke/Institut für Hochschulforschung an der Martin-Luther-Universität Halle-Wittenberg (HoF) (Hg.): *Wagnis Wissenschaft. Akademische Karrierewege und das Fördersystem in Deutschland*, Leipzig 2008.

Carew, Anna L./Lefoe, Geraldine/Bell, Maureen/Armour, Leonore: Elastic Practice in Academic Developers, in: *International Journal for Academic Development* 13 (2008), Heft 1, 51-66.

Chandler, Alfred D.: *The Visible Hand: The Managerial Revolution in American Business*, Cambridge 1977.

Clark, Burton: *Creating Entrepreneurial Universities. Organizational Pathways of Transformation*, Surrey 1998.

Clark, Burton: *The Higher Education System. Academic Organization in Cross-National Perspective*, Berkeley 1983.

Clark, Burton: The Organizational Saga in Higher Education, in: *Administrative Science Quarterly* 17 (1972), 178-183.

Clegg, Sue: Problematising Ourselves: Continuing Professional Development in Higher Education, in: *International Journal for Academic Development* 8 (2003), Heft 1, 37-50.

Clegg, Sue/McAuley, John: Conceptualising Middle Management in Higher Education. A Multifaceted Discourse, in: *Journal of Higher Education Policy and Management* 27 (2005), Heft 1, 19-34.

Cohen, Michael/March, James/Olsen, Johan: A Garbage Can Model of Organizational Choice, in: *Administrative Science Quarterly* 17 (1972), 1-25.

Collins, Randall: Schließungsprozesse und die Konflikttheorie der Profession, in: *Österreichische Zeitschrift für Soziologie* 12 (1987), 46-60.

Combe, Arno/Helsper, Werner: *Pädagogische Professionalität: Untersuchungen zum Typus pädagogischen Handelns*, Berlin 1996.

Conway, Maree: What's in the Name? Issues for ATEM and Administrators, in: *Journal of Higher Education Policy and Management* 22 (2000), Heft 2, 199-201.

Daumke, Michael/Keßler, Jürgen/Perbey, Uwe: *Der GmbH-Geschäftsführer. Zivilrecht, Steuerrecht, Sozialversicherungsrecht, Haftung,* 4. Auflage, Herne 2014.

de Boer, Harry/Enders, Jürgen/Leišytė, Liudvika: Public Sector Reform in Dutch Higher Education: The Organizational Transformation of the University, in: *Public Administration* 85 (2007), Heft 1, 27-46.

de Boer, Harry/Enders, Jürgen/Schimank, Uwe: Comparing Higher Education Governance Systems in Four European Countries, in: Soguel, Nils/Jaccard, Pierre (Hg.): *Governance and Performance of Education Systems*, Dordrecht 2008, 35-54.

de Boer, Harry/Enders, Jürgen/Schimank, Uwe: On the Way Towards New Public Management? The Governance of University Systems in England, the Netherlands, Austria, and Germany, in: Jansen, Dorothea (Hg.): *New Forms of Governance in Research Organizations. From Disciplinary Theories Towards Interfaces and Integration*, Berlin 2007, 37-152.

Deem, Rosemary: Changing Research Perspectives on the Management of Higher Education: Can Research Permeate the Activities of Manager-Academics?, in: *Higher Education Quarterly* 60 (2006), Heft 3, 203-228.

Deem, Rosemary: New Managerialism in Higher Education: The Management of Performance and Cultures in Universities in the UK, in: *International Studies in Sociology of Higher Education* 8 (1998), Heft 1, 47-70.

Deem, Rosemary/Hillyard, Sam/Reed, Michael: *Knowledge, Higher Education, and the New Managerialism. The Changing Management of UK Universities*, Oxford 2007.

Dewe, Bernd/Otto, Hans-Uwe: Profession, in: Otto, Hans-Uwe/Thiersch, Hans (Hg.): *Handbuch Sozialarbeit – Sozialpädagogik*, 2. Auflage, Neuwied/Kriftel 2001, 1399-1423.

Dierkes, Meinolf/Merkens, Hans: *Zur Wettbewerbsfähigkeit des Hochschulsystems in Deutschland*, Berlin 2002.

Dill, David: Academic Planning and Organizational Design: Lessons from Leading American Universities, in: *Higher Education Quarterly* 50 (1996), Heft 1, 35-53.

Dill, David/Sporn, Barbara: *Emerging Patterns of Social Demand and University Reform: Through a Glass Darkly*, Oxford 1995.

DiMaggio, Paul/Powell, Walter: The Iron Cage Revisited. Institutional Isomorphism and Collective Rationality in Organizational Fields, in: *American Sociological Review* 48 (1983), 147–160.

Djelic, Marie-Laure/Shalin-Andersson, Kerstin (Hg.): *Transnational Governance: Institutional Dynamics of Regulation*, Cambridge 2006.

Dobbin, Frank/Simmons, Beth/Garret, Geoffrey: The Global Diffusion of Public Policies: Construction, Coercion, Competition, or Learning?, in: *Annual Review of Sociology* 33 (2007), Heft 1, 449-472.

Dobson, Ian: ›Them and Us‹ – General and Non-General Staff in Higher Education, in: *Journal of Higher Education Policy and Management* 22 (2000), Heft 2, 203-210.

Donner, H.: Der Aufgabenvielfalt aktiv begegnen. Neue Herausforderungen für das Hochschulmanagement, in: Kehm, Barbara/Mayer, Evelies/Teichler, Ulrich/Rittgerott, Christiane (Hg.): *Hochschulen in neuer Verantwortung. Strategisch, überlastet, divers?* Bonn 2008, 175 f.

Dornick, Sarah: *Hochschule reloaded. Eine Diskursanalyse zum Bologna-Prozess*, Saarbrücken 2008.

Dörre, Klaus/Neis, Matthias: *Das Dilemma der unternehmerischen Universität. Hochschulen zwischen Wissensproduktion und Marktzwang*, Berlin 2010.

Drori, Gili/Meyer, John/Hwang, Hoyku (Hg.): *Globalization and Organization. World Society and Organizational Change*, Oxford 2006.

Drori, Gili/Meyer, John/Ramirez, Francisco/Schofer, Evan: *Science in the Modern World Polity. Institutionalization and Globalization*, Stanford 2003.

Elias, Norbert: *Über den Prozeß der Zivilisation. Soziogenetische und psychogenetische Untersuchungen*, 2 Bände, 21. Auflage, Frankfurt am Main 1997.

Elkana, Yehuda/Klöpper, Hannes: *Die Universität im 21. Jahrhundert. Für eine neue Einheit von Lehre, Forschung und Gesellschaft*, Hamburg 2012.

Enders, Jürgen/Kaulisch, Marc: The Binding and Unbinding of Academic Careers, in: Teichler, Ulrich (Hg.): *The Formative Years of Scholars*, London 2006, 85-95.

Enders, Jürgen/Kottmann, Andrea: *Neue Ausbildungsformen – andere Werdegänge? Ausbildungs- und Berufsverläufe von Absolventinnen und Absolventen der Graduiertenkollegs der DFG*, Weinheim 2009.

Erhardt, Manfred/Stifterverband für die Deutsche Wissenschaft (Hg.): *Leitlinien für die deregulierte Hochschule. Kodex guter Führung*, Essen 2008.

Etzkowitz, Henry/Leydesdorff, Loet (Hg.): *Universities in the Global Knowledge Economy: A Triple Helix of University-Industry-Government Relations*, London 1997.

Etzkowitz, Henry/Webster, Andrew/Healey, Peter: *Capitalizing Knowledge. New Intersections between Industry and Academia*, New York 1998.

Evetts, Julia: Professionalitätsdiskurs und Management: ein Paradoxon der Moderne, in: Eurich, Johannes/Brink, Alexander (Hg.): *Leadership in sozialen Organisationen*, Wiesbaden 2009, 159-168.

Evetts, Julia: Professionalität durch Management? Neue Erscheinungsformen von Professionalität und ihre Auswirkungen auf professionelles Handeln. Ein Nachtrag zum ZSR-Schwerpunktheft 3/2007, in: *Zeitschrift für Sozialreform* 54 (2008), Heft 1, 97-106.

Evetts, Julia: The Sociological Analysis of Professionalism: Occupational Change in the Modern World, in: *International Sociology* 18 (2003), Heft 2, 395-415.

Fanghanel, Joelle: *Being an Academic. The Realities of Practice in a Changing World*, London 2012.

Fedrowitz, Jutta/Leichsenring, Hannah/Stuckrad, Thimo von: *Professionalisierung ohne Profession. Ergebnisübersicht »Fakultätsmanagement-Befragung 2013* (CHE Arbeitspapier 175), Gütersloh 2014.

Ferlie, Ewan/Ashburner, Lynn/Fitzgerald, Louise/Pettigrew, Andrew: *The New Public Management in Action*, Oxford 1996.

Findeisen, Ina: *Hürdenlauf zur Exzellenz. Karrierestufen junger Wissenschaftlerinnen und Wissenschaftler*, Wiesbaden 2011.

Fisch, Rudolf/Koch, Stefan (Hg.): *Neue Steuerung von Bildung und Wissenschaft, Schule – Hochschule – Forschung*, Bonn 2007.

Florida, Richard: *The Rise of the Creative Class*, New York 2002.

Foit, Wolfgang: Zur Entwicklung eines akademischen Leitungsrollenverständnisses. Angebote der Personalentwicklung im Kontext des Förderhandelns der Deutschen Forschungsgemeinschaft (DFG), in: *Hochschulmanagement* 6 (2011), Heft 1, 17-21.

Frank, David/Meyer, John: Worldwide Expansion and Change in the University, in: Krücken, Georg/Kosmützky, Anna/Torka, Marc (Hg.): *Towards a Multiversity? Universities between Global Trends and National Traditions*, Bielefeld 2007, 19-44.

Franzmann, Andreas (Hg.): *Zwischen Idee und Zweckorientierung. Vorbilder und Motive von Hochschulreformen seit 1945*, Berlin 2007.

Fraser, Kym: Australasian Academic Developers: Entry into the Profession and our own Professional Development, in: *International Journal for Academic Development* 4 (1999), Heft 2, 89-101.

Freidson, Eliot: *Professional Powers. A Study of the Institutionalization of Formal Knowledge*, Chicago 1986.

Freidson, Eliot: *Professionalism: The Third Logic*, Chicago 2001.

Früh, Werner: *Inhaltsanalyse. Theorie und Praxis*, Konstanz 1998.

Gauger, Jörg-Dieter/Poeschel, Jürgen: *Zur Krise und Reform der Universität*, Sankt Augustin 2004.

Gibbons Michael/Limoges, Camille/Nowotny, Helga/Schwartzman, Simon/Scott, Peter/Trow, Martin: *The New Production of Knowledge: The Dynamics of Science and Research in Contemporary Societies*, London 1994.

Giddens, Anthony: *Modernity and Self-Identity: Self and Society in the Late Modern Age*, Cambridge 1991.

Ginsberg, Benjamin: *The Fall of the Faculty. The Rise of the all-administrative University and why it matters*, Oxford 2013.

Gläser, Jochen/Lange, Stefan/Laudel, Grit/Schimank, Uwe: Informed Authority? The Limited Use of Research Evaluation Systems for Managerial Control in University, in: Whitley, Richard/Gläser, Jochen/Engwall, Lars (Hg.): *Reconfiguring Knowledge Production. Changing Authority Relationships in the Sciences and their Consequences for Intellectual Innovation*, Oxford 2010, 149-183.

Glotz, Peter: *Die Universität in der Informationsgesellschaft*, Paderborn 2004.

GmbH-Gesetz mit Umwandlungsgesetz, Aktiengesetz. Wertpapiererwerbs- und Übernahmegesetz, Mitbestimmungsgesetzen und Deutschem Corporte Governance Kodex. Textausgabe mit ausführlichem Sachverzeichnis und einer Einführung von Heribert Hirte, 45. Auflage, München 2014 (=GmbHG).

Goodall, Amanda: Should Top Universities be Led by Top Researchers and Are They?, in: *Journal of Documentation* 63 (2006), Heft 3, 388-411.

Gordon, George (Hg.): *Academic and Professional Identities in Higher Education. The Challenges of a Diversifying Workforce*, New York 2010.

Gornall, Lynne: »New Professionals«, Change and Occupational Roles in Higher Education, in: *Perspectives. Policy and Practice in Higher Education* 3 (1999), Heft 2, 44-49.

Gornall, Lynne/Cook, Caryn/Daunton, Lyn/Salisbury, Jane/Thomas, Brychan (Hg.): *Academic Working Lives. Experience, Practice and Change*, London 2014.

Gornitzka, Åse/Kyvik, Svein/Larsen, Ingvild M.: The Bureaucratization of Universities, in: *Minerva* 36 (1998), 21-47.

Gornitzka, Åse/Larsen, Ingvild M.: Towards Professionalisation? Restructuring of Administrative Work Force in Universities, in: *Higher Education* 47 (2004), Heft 4, 455-471.

Granovetter, Mark: The Strength of Weak Ties, in: *American Journal of Sociology* 78 (1973), Heft 6, 1360-1380.

Grant, Barbara M.: The Mourning After: Academic Development in a Time of Doubt, in: *International Journal for Academic Development* 12 (2007), Heft 1, 35-43.

Gumport, Patricia/Sporn, Barbara: Institutional Adaptation: Demands for Management Reform and University Administration, in: Smart, John (Hg.): *Higher Education: Handbook of Theory and Research*, New York 1999, 176-210.

Gupta, Sheila: Professionalisation or Management and Leadership, in: *Beiträge zur Hochschulforschung* 33 (2011), Heft 2, 68-75.

Habermas, Jürgen: *Theorie des kommunikativen Handelns*, 2 Bände, Frankfurt am Main 1981.

Hanft, Anke: *Management von Studium, Lehre und Weiterbildung*, Münster 2014.

Hanft, Anke: Personalentwicklung als Hochschulentwicklung. Ergebnisse einer empirischen Erhebung zum gegenwärtigen Stand der Personalentwicklung an Hochschulen und Anmerkungen für ihre zukünftige Gestaltung, in: Laske, Stephan/Scheytt, Tobias/Meister-Scheytt, Claudia (Hg): *Personalentwicklung und universitärer Wandel. Programm – Aufgaben – Gestaltung*, München 2004, 119-138.

Hanft, Anke: Karrierepfad Wissenschaftsmanager. Professionalisierung der Leitungsfunktionen in Wissenschaftseinrichtungen durch einschlägige Studienangebote, in: *Wissenschaftsmanagement* 8 (2002) Heft 1, 7-11.

Hanft, Anke (Hg.): *Grundbegriffe des Hochschulmanagements*, Neuwied/Kriftel 2001.

Hanft, Anke: Sind Hochschulen reform(un)fähig? Eine organisationstheoretische Analyse, in: dies. (Hg.): *Hochschulen managen? Zur Reformierbarkeit der Hochschulen nach Managementprinzipien*, Neuwied/Kriftel 2000, 3-24.

Hanson, Terry: *Managing Academic Support Services in Universities. The Convergence Experiment*, Southport 2005.

Harland, Tony/Staniforth, David: A family of Strangers. The Fragmented Nature of Academic Development, in: *Teaching in Higher Education* 13 (2008), Heft 6, 669-678.

Hauschildt, Jürgen/Gemünden, Hans-Georg/Grotz-Martin, Silvia/Haidle, Ulf: *Entscheidungen der Geschäftsführung – Typologie, Informationsverhalten, Effizienz*, Tübingen 1983.

Hazelkorn, Ellen: *University Research Management. Developing Research in New Institutions*, Paris 2005.

Heiner, Matthias (Hg.): *Professionalisierung der Lehre. Perspektiven formeller und informeller Entwicklung von Lehrkompetenz im Kontext der Hochschulbildung*, Bielefeld 2013.

Heinrich, Peter (Hg.): *Ökonomisierung des Hochschulwesens. Redebeiträge und Thesen des 17. Glienicker Gesprächs*, Berlin 2006.

Heinrichs, Werner: *Hochschulmanagement*, München 2010.

Henkel, Mary: *Academic Identities and Policy Change in Higher Education*, London 2000.

Heß, Jürgen: Die Geschichte des Universitätskanzlers im Spannungsfeld zwischen Staatsaufsicht und Hochschulautonomie, in: *Wissenschaftsrecht* 33 (2000), 332-342.

Heß, Jürgen/Leuze, Dieter: Die janusköpfige Rechtsnatur der Universität – ein deutscher Irrweg?, in: *Wissenschaftsrecht* (Beiheift) 15 (2005), 119-139.

Hessler, Gudrun (Hg.): *Studium und Beruf. Studienstrategien, Praxiskonzepte, Professionsverständnis. Perspektiven von Studierenden und Lehrenden nach der Bologna-Reform*, Bielefeld 2013.

Hochschulrektorenkonferenz (HRK): *Wegweiser 2006. Qualitätssicherung an Hochschulen. Projekt Qualitätsmanagement. Beiträge zur Hochschulpolitik*, Bonn 2007.

Hochschulrektorenkonferenz (HRK): *Professionalisierung als Leitungsaufgabe. Entschließung des 202. Plenums der HRK am 08.06. 2004*, Bonn 2004 (http://www.hrk.de/de/download/dateien/Beschluss_Plenum_8.6.2004.pdf; Stand 08.02.14).

Hoffstetter, Helmut/Pennartz, Stefan: Dezernent ist nicht gleich Dezernent, in: *DUZ – Das unabhängige Hochschulmagazin* 54 (1998), 15 f.

Holmes, David: Some Personal Reflections on the Role of Administrators and Managers at British Universities, in: *Perspectives* 2 (1998), Heft 4, 110-115.

Hood, Christopher: Contemporary Public Management. A New Global Paradigm?, in: *Public Policy and Administration* 10 (1995), Heft 2, 104-117.

Horn, Hans-Detlef (Hg.): *Funktionsgerechte Hochschulorganisation. Rahmenbedingungen und Entwicklungspotenziale akademischer Selbstverwaltung. Ein Symposium*, Bonn 2013.

Hornbostel, Stefan: Die Hochschulen auf dem Weg in die Audit Society. Über Forschung, Drittmittel, Wettbewerb und Transparenz, in: Stölting, Erhard/Schimank, Uwe (Hg.): *Die Krise der Universitäten* (Leviathan Sonderheft 20), Wiesbaden 2001, 139-158.

Hornstein, Walter/Lüders, Christian: Professionalisierungstheorie und pädagogische Theorie. Verberuflichung erzieherischer Aufgaben und pädagogische Professionalität, in: *Zeitschrift für Pädagogik* 35 (1989), 749-769.

Horváth, Péter (Hg.): *Strategie, Steuerung und Governance außeruniversitärer Forschungseinrichtungen*, Wiesbaden 2013.

Huber, Ludwig/Liebau, Eckhard/Portele, Gerhard/Schüttle, Wolfgang: Fachcode und studentische Kultur, in: Becker, Egon (Hg.): *Reflexionsprobleme der Hochschulforschung*, Weinheim 1983, 144-170.

Hubig, Lisa: *Die Universität. Leistungsmessung und -bewertung in einer komplexen Organisation*, Lohmar 2009.

Huisman, Jeroen/Kaiser, Frans: A Comparative View on Policy Trends in Western European Higher Education, in: *German Policy Studies* 2 (2002), Heft 3, 26-77.

Huisman, Jeroen/Pausits, Attila (Hg.): *Higher Education Management and Development. Compendium for Managers*, Münster/New York/München/Berlin 2010.

Hünermann, Peter (Hg.): *Nachhaltige Bildung. Hochschule und Wissenschaft im Zeitalter der Ökonomisierung*, Bielefeld 2005.

Hüther, Otto: *Von der Kollegialität zur Hierarchie? Eine Analyse des New Managerialism in den deutschen Landeshochschulgesetzen*, Dissertation, Hamburg 2009.

Jaksztat, Stefan/Schindler, Nora/Briedis, Kolja: *Wissenschaftliche Karrieren. Beschäftigungsbedingungen, berufliche Orientierungen und Kompetenzen des wissenschaftlichen Nachwuchses*, Hannover 2010.

Jansen, Dorothea (Hg.): *New Forms of Governance in Research Organizations. Disciplinary Approaches, Interfaces and Integration*, Dordrecht 2010.

Jehnert, Tobias/Brahm, Taiga: »Blended Professionals« als Akteure einer institutionenweiten Hochschulentwicklung, in: *Zeitschrift für Hochschulentwicklung* 5 (2010) Heft 4, 124-145.

Joerk, Christiane: *Wissenschaftsmanagement in der außeruniversitären Forschung. Diskurs und Praxis an Instituten der Leibniz-Gemeinschaft und der Max-Planck- Gesellschaft*, Dissertation, Hagen 2009.

Johnson, Gerhard: Personalmanagement in Hochschulen, in: Cordes, Jens/Bröker, Katja (Hg.): *Hochschulmanagement: Betriebswirtschaftliche Aspekte der Hochschulsteuerung*, Wiesbaden 2001, 143-162.

Johnson, Rachel: Learning to Manage the University: Tales of Training and Experience, in: *Higher Education Quarterly* 56 (2002), Heft 1, 33-51.

Jongmanns, Georg: *Evaluation des Wissenschaftszeitvertragsgesetzes (WissZeitVG). Gesetzesevaluation im Auftrag des Bundesministeriums für Bildung und Forschung*, Hannover 2011.

Jopp, Marlon: Eine »Profession« für Generalisten: Hochschulstrukturentwicklungsplanung und Qualitätsmanagement, in: Kehm, Barbara/Mayer, Evelies/Teichler, Ulrich/Rittgerott, Christiane (Hg.): *Hochschulen in neuer Verantwortung. Strategisch, überlastet, divers?*, Bonn 2008, 181-183.

Kahlert, Heike: *Riskante Karrieren. Wissenschaftlicher Nachwuchs im Spiegel der Forschung*, Opladen 2013.

Kahn, Peter/Baume, David (Hg.): *A Guide to Staff & Educational Development*, New York 2003.

Kastner, Monika: *Wissenschaft als Beruf? Weiterbildung von Wissenschaftlerinnen an der Universität – zwischen Frauenförderung und Gender Mainstreaming*, Frankfurt am Main 2004.

Kauffeld, Simone/Grote, Sven: Sozialkompetenz als der Schlüssel zur erfolgreichen Bewältigung von Optimierungsaufgaben? – Zur Bedeutung der Kompetenzfacetten, in: Frieling, Ekkehart (Hg.): *Flexibilität und Kompetenz: Schaffen flexible Unternehmen kompetente und flexible Mitarbeiter?*, Münster 2000, 49-73.

Kehm, Barbara M. (Hg.): *The Academic Profession in Europe. New Tasks and New Challenges*, Dordrecht 2013.

Kehm, Barbara M. (Hg.): *Funktionswandel der Universitäten. Differenzierung, Relevanzsteigerung, Internationalisierung*, Frankfurt am Main 2012.

Kehm, Barbara M.: Neue Hochschulprofessionen: die ›heimlichen‹ Manager?, in: Hochschulrektorenkonferenz (HRK) (Hg.): *Von der Qualitätssicherung der Lehre zur Qualitätsentwicklung als Prinzip der Hochschulsteuerung. Projekt Qualitätssicherung*, Bonn 2006 (Beiträge zur Hochschulpolitik 2) (2006), Heft 1, 258-265.

Kehm, Barbara M.: Strengthening Quality through Qualifying Mid-Level Management, in: Fremerey, Michael/Pletsch-Betancourt, Martina (Hg.): *Prospects of Change in Higher Education. Towards New Qualities and Relevance: Festschrift for Matthias Wesseler*, Frankfurt am Main 2006a, 161-171

Kehm, Barbara: Professionalising Management in Higher Education Institutions, in: Audy, Jorge L. N./Morosini, Marilla Coste (Hg.): *Inovacao e Empreendedorismona Universidada / Innovation and Entrepreneurialism in the University*, Porto Alegre 2006b, 231-246.

Kehm, Barbara M./Landzendorf, Ute: Germany – 16 Approaches to Reform, in: dies. (Hg.): *Reforming University Governance. Changing Conditions for Research in Four European Countries*, Bonn 2006c, 135-186.

Kehm, Barbara M./Lanzendorf, Ute (Hg.): *Reforming University Governance. Changing Conditions for Research in Four European Countries*, Bonn 2006.

Kehm, Barbara M./Mayer, Evelies/Teichler, Ulrich: Resümee der Herausgeber. Auf dem Weg zum Ausbau und zur Stabilisierung der Hochschulprofessionen, in: dies./Rittgerott, Christiane (Hg.): *Hochschulen in neuer Verantwortung. Strategisch, überlastet, divers?* Bonn 2008, 198-200.

Kehm, Barbara M./Mayer, Evelies/Teichler, Ulrich/Rittgerott, Christiane (Hg.): *Hochschulen in neuer Verantwortung. Strategisch, überlastet, divers?*, Bonn 2008.

Kehm, Barbara M./Mayer, Evelies/Teichler, Ulrich (Hg.): Hochschulprofessionen – zwischen Wissenschaft und Administration, Themenheft *Hochschule Innovativ* 16 (2005).

Kehm, Barbara M./Merkator, Nadine/Schneijderberg, Christian: Hochschulprofessionelle?! Die unbekannten Wesen, in: *Zeitschrift für Hochschulentwicklung* 5 (2010), Heft 4, 23-39.

Kehm, Barbara M./Teichler, Ulrich (Hg.): *The Academic Profession in Europe: New Tasks and New Challenges,* Dordrecht/Heidelberg/London/New York 2013.

Keller, Andreas (Hg.): *Baustelle Hochschule. Attraktive Karrierewege und Beschäftigungsbedingungen gestalten*, Bielefeld 2013.

Kerst, Christian/Minks, Karl-Heinz: *Fünf Jahre nach dem Studienabschluss. Berufsverlauf und aktuelle Situation von Hochschulabsolventinnen und -absolventen des Prüfungsjahrgangs 1997*, Hannover 2005.

Kirckpatrick, Ian/Ackroyd, Stephen/Walker, Richard (Hg.): *The New Managerialism and Public Service Professions. Change in Health, Social Services and Housing*, New York 2005.

Klaetzki, Thomas/Tacke, Veronika (Hg.): *Organisation and Profession*, Wiesbaden 2005.

Kleindiek, Ralf: *Wissenschaft und Freiheit in der Risikogesellschaft. Eine grundrechtsdogmatische Untersuchung zum Normbereich von Art. 5 Abs. 3 Satz 1 des Grundgesetzes*, Berlin 1998.

Klinkhammer, Monika/Saul-Soprun, Gunta (2009): Das »Hochstaplersyndrom« in der Wissenschaft, in: *Organisationsberatung Supervision Coaching* 16 (2009), 165-182.

Klug, Heide: Geschäftsführung zwischen Administration und Wissenschaft, in: *Zeitschrift für Hochschulentwicklung* 5 (2010), Heft 4, 178-191.

Klug, Tina: Professionelle Kompetenz für das Qualitätsmanagement in der Wissenschaft, in: *Zeitschrift für Hochschulentwicklung* 5 (2010), Heft 4, 82-93.

Klumpp, Matthias/Teichler, Ulrich: Experten für das Hochschulsystem: Hochschulprofessionen zwischen Wissenschaft und Administration, in: Kehm, Barbara/Mayer, Evelies/Teichler, Ulrich/Rittgerott, Christiane (Hg.): *Hochschulen in neuer Verantwortung. Strategisch, überlastet, divers?*, Bonn 2008, 169-171.

Knauf, Helen: Das Konzept der Schlüsselqualifikationen und seine Bedeutung für die Hochschule: Einführung in das Thema, in: Knauf, Helen/Knauf, Marcus (Hg.): *Schlüsselqualifikationen praktisch*, Bielefeld 2003, 11-30.

Knauff, Matthias: Die Hochschulverfassung nach dem nordrhein-westfälischen Hochschulfreiheitsgesetz unter besonderer Berücksichtigung des Vizepräsidenten für den Bereich Wirtschafts- und Personalverwaltung, in: *Wissenschaftsrecht* 40 (2007), 380-402.

Knill, Christoph/Vögtle, Eva Maria/Dobbins, Michael: *Hochschulpolitische Reformen im Zuge des Bologna-Prozesses. Eine vergleichende Analyse von Konvergenzdynamiken im OECD-Raum*, Wiesbaden 2013.

Knobloch, Clemens: *Wir sind doch nicht blöd! Die unternehmerische Hochschule*, Münster 2010.

Koch, Hans-Albrecht: *Die Universität. Geschichte einer europäischen Institution*, Darmstadt 2008.

Kogan, Maurice: The Academic Profession and its Interface with Management, in: Kogan, Maurice/Teichler, Ulrich (Hg.): *Key Challenges to the Academic Profession*, Werkstattbericht 65, Kassel 2007, 161-173.

Köhler-Cronenberg, Tilo: *Das Hochschulwesen der Bundesrepublik Deutschland zwischen Markt und Staat. Eine ordnungstheoretische Analyse der Handlungsmöglichkeiten*, Leipzig 2008.

Kohmann, Oliver: *Strategisches Management von Universitäten und Fakultäten*, Wiesbaden 2012.

Konegen-Grenier, Christiane: *Die Bologna-Reform. Eine Zwischenbilanz zur Neuordnung der Studiengänge in Deutschland*, Köln 2012.

Konegen-Grenier, Christiane: *Regulierung der Hochschulautonomie*, Köln 2010.

Köppen, Bruni (Hg.): *Exzellenzinitiative – Die Gewinner. Zukunftskonzepte, Graduiertenschulen, Exzellenzcluster*, Bonn 2009.

Kosmützky, Anna: *Von der organisierten Institution zur Institutionalisierung von Organisation? Eine Untersuchung der (Hochschul-) Leitbilder von Universitäten*, Dissertation, Bielefeld 2010.

Krahenbuhl, Gary S.: *Building the Academic Deanship. Strategies for Success*, Westport, 2004.

Krautz, Jochen: *Ware Bildung. Schule und Universität unter dem Diktat der Ökonomie*, Kreuzlingen 2007.

Kreckel, Reinhard (Hg.): *Zwischen Promotion und Professur. Das wissenschaftliche Personal in Deutschland im Vergleich mit Frankreich, Großbritannien, USA, Schweden, den Niederlanden, Österreich und der Schweiz*, Leipzig 2008.

Krohn, Michael: Third Space – dritte Chance für den akademischen Nachwuchs?, in: *Zeitschrift für Hochschulentwicklung* 5 (2010), Heft 4, 63-69.

Krücken, Georg: Die Transformation der Universität? Überlegungen zu den Effekten von Exzellenzprogrammen, in: Hornbostel, Stefan/Simon, Dagmar/Heise, Saskia (Hg.): *Exzellente Wissenschaft. Das Problem, der Diskurs, das Programm und die Folgen* (IFQ- Working Paper Nr. 4./Oktober 2008), Bonn 2008, 73-79.

Krücken, Georg: Lässt sich Wissenschaft managen?, in: *Wissenschaftsrecht* 41 (2008a), 345-358.

Krücken, Georg (2006): Wandel – Welcher Wandel? Überlegungen zum Strukturwandel der universitären Forschung in der Gegenwartsgesellschaft, in: *Die Hochschule. Journal für Wissenschaft und Bildung* 12 (2006), Heft 1, 7-18.

Krücken, Georg: Mission Impossible? Institutional Barriers to the Diffusion of the ›Third Academic Mission‹ at German Universities, in: *International Journal of Technology Management* 25 (2003), 18-33.

Krücken, Georg/Blümel, Albrecht/Kloke, Katharina: Hochschulmanagement – auf dem Weg zu einer neuen Profession?, in: *WSI Mitteilungen* (Arbeitsmarkt Wissenschaft: Neue Identitäten, neue Karrieren?) 63 (2010), Heft 05, 234-241.

Krücken, Georg/Meier, Frank: Turning the University into an Organizational Actor, in: Drori, Gili/Meyer, John/Hwang, Hoyku (Hg.): *Globalization and Organization*, Oxford 2006, 241-257.

Kühl, Stefan: Von der Hochschulreform zum Veränderungsmanagement von Universitäten? Eine kleine Luhmann-Nacherzählung unter dem Gesichtspunkt der Reformierbarkeit von Universitäten, in: *Verwaltung und Management* 13 (2007), Heft 4, 205-209.

Kühl, Stefan: Von Autonomie, Reform und Demobürokratien. Eine kleine Luhmann-Nacherzählung, in: *Forschung & Lehre* (2007a), Heft 7, 388-390.

Kühler, Larissa: *Hochschulreform in Deutschland nach amerikanischem Vorbild. Chancen, Möglichkeiten und Grenzen*, Saarbrücken 2006.

Kurtz, Thomas: *Berufssoziologie*, Bielefeld 2002.

Kwiek, Marek (Hg.): *The Modernisation of European Universities. Cross-National Academic Perspectives*, Frankfurt am Main 2012.

Land, Ray: Agency, Context and Change in Academic Development, in: *The International Journal for Academic Development* 6 (2001), Heft 1, 4-20.

Lange, Stefan/Schimank, Uwe: Zwischen Konvergenz und Pfadabhängigkeit: New Public Management in den Hochschulsystemen fünf ausgewählter OECD-Länder, in: Holzinger, Katharina/Joergens, Helge/Knill, Christoph (Hg.): *Transfer, Diffusion und Konvergenz von Politiken*, Wiesbaden 2007 (Politische Vierteljahresschrift, Sonderheft 38), 522-548.

Lanzendorf, Ute/Kehm, Barbara M.: The Impacts of University Management on Academic Work, in: *Management Revue* 18 (2007), Heft 2, 153-173.

Laske, Stephan/Scheytt, Tobias/Meister-Scheytt, Claudia (Hg.): *Personalentwicklung und universitärer Wandel. Programm – Aufgaben – Gestaltung*, München 2005.

Lauer, Felicia/Leinen, Birgit/Seckelmann, Margit: Wissenschaftsmanagement als Beruf. Alte Strukturen und neue Anforderungen setzen den Rahmen, in: *Wissenschaftsmanagement* 10 (2004), Heft 3, 10-15.

Lauwerys, John: The Future of the Profession of University Administration and Management, in: *Perspectives: Policy and Practice in Higher Education* 6 (2002), Heft 4, 93-97.

Leaming, Deryl R.: *Academic Leadership. A Practical Guide to Chairing the Department*, 2. Auflage, Bolton 2007.

Leibfried, Stephan (Hg.): *Die Exzellenzinitiative. Zwischenbilanz und Perspektiven*, Frankfurt am Main 2010.

Leichsenring, Hannah: *Befragung zum Fakultätsmanagement 2009 – Management im Team: Perspektiven von Fakultätsmanager(inne)n und Dekan(inn)en*, Gütersloh 2009.

Leichsenring, Hannah: *Die Professionalisierung des Fakultätsmanagements – Bericht zur Befragung 2006*, Gütersloh 2007.

Leicht, Kevin T./Fennell, Mary L.: The Changing Organizational Context of Professional Work, in: *Annual Review of Sociology* 23 (1997), 215-231.

Leišytė, Liudvika: *University Governance and Academic Research*, Ph.D.-Thesis, Enschede 2007.

Lenger, Alexander/Schneickert, Christian/Priebe, Stefan: *Studentische MitarbeiterInnen. Zur Situation und Lage von studentischen Hilfskräften und studentischen Beschäftigten an deutschen Hochschulen und Forschungseinrichtungen*, Frankfurt am Main 2012.

Leslie, Larry: Rising Administrative Costs: Seeking Explanation, in: *Journal of Higher Education* 66 (1995), Heft 2, 187-212.

Lewis, Lionel/Altbach, Philip: Faculty versus Administration. A Universal Problem, in: *Higher Education Policy* 9 (1996), Heft 3, 255-258.

Lips, Yvonne: *Hochschullehrer als Zielgruppe universitärer Personalentwicklung. Eine Analyse erforderlicher Kompetenzen und Möglichkeiten ihrer (Weiter-) Entwicklung*, Aachen 2010.

Luhmann, Niklas: Selbststeuerung der Wissenschaft, in: ders. (Hg.): *Soziologische Aufklärung. 1. Aufsätze zur Theorie sozialer Systeme*, 7. Auflage, 2005, 291-31.

Luhmann, Niklas: *Das Erziehungssystem der Gesellschaft*, Frankfurt am Main 2002 (v.a. Kapitel 6: Organisation und Professionalisierung, 142-167).

Luhmann, Niklas: *Die Wissenschaft der Gesellschaft*, Frankfurt am Main 1992.

Maassen, Peter/Potman, Henry: Strategic Decision Making in Higher Education. An Analysis of the New Planning System in Dutch Higher Education, in: *Higher Education* 20 (1990), 393-410.

Machado, Maria de Lourdes/Taylor, James: Higher Education Leadership and Management. From Conflict to Interdependence Through Strategic Planning, in: *Tertiary Education and Management* 12 (2006), Heft 1, 137-160.

Machado, Maria de Lourdes/Taylor, James/Peterson, Marvin: Leadership and Strategic Management: Keys to Institutional Priorities and Planning, in: *European Journal of Education* 43 (2008), Heft 3, 369-386.

Mack, Philipp: *Strategische Planung und Kontrolle an deutschen Universitäten. Eine Übertragung der Modelle aus der betrieblichen Praxis*, Lohmar 2007.

Malen, Betty/Knapp, Michael: Rethinking the Multiple Perspectives Approach to Educational Policy Analysis: Implications for Policy-Practice Connections, in: *Journal of Educational Policy* 12 (1998), Heft 5, 419-445.

Manathunga, Catherine: »Unhomely« Academic Developer Identities, in: *International Journal for Academic Development* 12 (2007), Heft 1, 25-34.

Manning, Kathleen: *Organizational Theory in Higher Education*, New York 2013.

Marginson, Simon/Considine, Mark: *The Enterprise University*, Melbourne/Cambridge 2000.

Markova, Hristina: *Exzellenz durch Wettbewerb und Autonomie? Deutungsmuster hochschulpolitischer Eliten am Beispiel der Exzellenzinitiative*, Konstanz/München 2013.

Marshall, T. H.: The Recent History of Professionalism in Relation to Social Policy, in: *The Canadian Journal of Economics and Political Science* 5 (1993), Heft 3, 325-340.

Matheson, Craig: Is Higher Public Service a Profession?, in: *Australian Journal of Public Administration* 57 (2000), Heft 3, 15-27.

Mayntz, Renate: University Councils: An Institutional Innovation in German Universities, in: *European Journal of Education* 37 (2002), 21-28.

McAlpine, Lynn/Amundsen, Cheryl/Clement, Mieke/Light, Greg: Rethinking our Underlying Assumptions about what we Do and why we Do it. Academic Development as a Case, in: *Studies in Continuing Education* 31 (2009), Heft 3, 261-280.

McInnis, Craig: Academics and Professional Administrators in Australian Universities: Dissolving Boundaries and New Tensions, in: *Journal of Higher Education Policy and Management* 20 (1998), Heft 2, 161-173.

Meier, Frank: *Die Universität als Akteur. Zum institutionellen Wandel der Hochschulorganisation*, Wiesbaden 2009.

Merkator, Nadine/Schneijderberg, Christian M.: Hochschulprofessionen – Thematik und quantitative Bilanz, in: Kehm, Barbara M./Schomburg, Harald/Teichler, Ulrich (Hg.): *Funktionswandel der Universitäten. Differenzierung, Relevanzsteigerung, Internationalisierung,* Frankfurt am Main 2012, 421–441.

Merkator, Nadine/Schneijderberg, Christian: Professionalisierung der Universitäten an den Schnittstellen von Lehre, Forschung und Verwaltung, in: Nickel, Sigrun (Hg.): *Der Bologna-Prozess aus Sicht der Hochschul-*

forschung Analysen und Impulse für die Praxis, CHE-Arbeitspapier Nr. 148, Gütersloh 2011, 204-216.

Merkator, Nadine/Schneijderberg, Christian: Die Hochschulprofessionen: Weiblich und hochqualifiziert, in: Blättel-Mink, Birgit/Franzke, Astrid/Wolde, Anja (Hg.): *Neue Karrierewege für Frauen an der Hochschule?* Sulzbach 2011a, 85-108.

Metz-Göckel, Sigrid/Lind, Inken: »Es ist an der Zeit, dass wir ein neues Bild von der wissenschaftlichen Persönlichkeit entwickeln«, in: Bundesministerium für Bildung und Forschung (Hg.): *Kinder – Wunsch und Wirklichkeit in der Wissenschaft*, Bonn/Berlin 2010, 13-21.

Meyer, John/Rowan, Brian: Institutional Organizations. Formal Structure as Myth and Ceremony, in: *American Journal of Sociology* 83 (1977), Heft 2, 340-363.

Meyer-Doerpinghaus, Ulrich/Hochschulrektorenkonferenz (HRK) (Hg.): *Ausbildung von Professionen an Hochschulen. HRK-Jahresversammlung 2008, Jena, 21. April 2008*, Bonn 2009.

Meyer-Doerpinghaus, Ulrich/Hochschulrektorenkonferenz (HRK) (Hg.): *Hochschule – Wirtschaft. Gießen, 3. Mai 2007*, Bonn 2008.

Meyer-Doerpinghaus, Ulrich/Hochschulrektorenkonferenz (HRK) (Hg.): *Wissenschaftlicher Nachwuchs. Berlin, 3.-4. Mai 2004*, Bonn 2005.

Meyer-Guckel, Volker: Die Professionalisierung einer neuen Profession. Der Status quo im Wissenschaftsmanagement, in: *Wissenschaftsmanagement* 17 (2011), Heft 1, 14f.

Meyer, John/Boli, John/Thomas, George: Ontology and Rationalization in the Western Cultural Account, in: Scott, Richard/Meyer, John (Hg.): *Institutional Environments and Organizations. Structural Complexity and Individualism*, Thousand Oaks 1994, 9-27.

Meg, Harald/Pfadenhauer, Manuela (Hg.): *Professionelle Leistung – Professional Performance. Positionen der Professionssoziologie*, Konstanz 2003.

Mintzberg, Henry: *The Rise and Fall of Strategic Planning. Reconceiving Roles for Planning, Plans, Planners*, New York 1994.

Mintzberg, Henry: *The Structuring of Organizations. A Synthesis of the Research*, Englewood Cliffs 1979.

Mlynek, Jürgen (Hg.): *»Und sie bewegt sich doch!« Universität heute: zwischen Bewährtem und Veränderungsdruck – Finanznot und Wettbewerb als Chancen für Innovation? Symposium, 4.-5. März 2004 in der Berlin-Brandenburgischen Akademie der Wissenschaften*, Berlin/Köln 2004.

Moes, Johannes/Stender, Birga: Bologna-Bürokratie – oder neue Professionen für neue Aufgaben? Die Perspektive der Hochschulberatung, in: *Zeitschrift für Hochschulentwicklung* 5 (2010) Heft 4, 70-81.

Moles, Kate: A Walk in Thirdspace: Place, Methods and Walking, in: *Sociological Research Online* 13(2008), Heft 4, 1-9.

Morphew, Christopher/Hartley, Matthew: Mission Statements: A Thematic Analysis of Rhetoric Across Institutional Type, in: *The Journal of Higher Education* 77 (2006), Heft 3, 456-471.

Müller-Böling, Detlef: Flexibilisierung stärkt Entscheidungsautonomie: Personalentwicklung in Verantwortung der Fachbereiche, in: Kehm, Barbara/Mayer, Evelies/Teichler, Ulrich: (Hg.): *Hochschulen in neuer Verantwortung*, Bonn 2008, 79-82.

Müller-Böling, Detlef (Hg.): *Hochschule weiter entfesseln – den Umbruch gestalten. Studienprogramme, Organisationsformen, Hochschultypen*, Gütersloh 2005.

Münch, Richard: *Akademischer Kapitalismus. Zur Politischen Ökonomie der Hochschulreform*, Berlin 2011.

Musselin, Christine: Are Universities Specific Organisations?, in: Krücken, Georg/Kosmützky, Anna/Torka, Marc (Hg.): *Towards a Multiversity? Universities between Global Trends and National Traditions*, Bielefeld 2007, 63-86.

Muzio, Daniel/Ackroyd, Stephen/Chanlat, Jean-François: *Redirections in the Expert Labour. Established Professions and New Expert Occupations,* Houndmills 2008.

Neis, Matthias (2009): Immer der Karotte nach – Ist die Wissenschaft eine prekäre Profession?, in: *Zeitschrift für Nachwuchswissenschaftler* 1 (2009), Heft 1, (http://www. nachwuchswissenschaftler.org/2009/1/90/; Stand 24.8.2010).

Neumann, Anna: *Professing to Learn. Creating Tenured Lives and Careers in the American Research University*, Baltimore 2009.

Nickel, Sigrun: Neue Tätigkeitsprofile, neue Feindbilder? Karrierewege im Wissenschaftsmanagement im internationalen Vergleich, in: Gautschi, Patricia/Fischer, Andreas (Hg.): *Arbeitsplatz Hochschule im Wandel*, zoom 3 (2013), 35-45.

Nickel, Sigrun: Engere Kopplung zwischen Wissenschaft und Verwaltung und ihre Folgen für die Ausübung professioneller Rollen in Hochschulen, in: Wilkesmann, Uwe/Schmid, Christian J. (Hg.), *Hochschule als Organisation*, Wiesbaden 2012, 279-292.

Nickel, Sigrun: *Partizipatives Management von Universitäten. Zielvereinbarungen, Leitungsstrukturen, Staatliche Steuerung*, München 2007.

Nickel, Sigrun: Dezentralisierte Zentralisierung – Die Suche nach neuen Organisations- und Leitungsstrukturen für Fakultäten und Fachbereiche, in: Die Hochschule 13 (2004), Heft 1, 87-99.

Nickel, Sigrun: Neupositionierung zwischen Staat und Markt – Zum Zusammenhang zwischen New Public Management, Hochschulentwicklung und Rechtsform, in: Lüthje, Jürgen/Nickel, Sigrun (Hg.): *Univer-*

sitätsentwicklung – Strategien, Erfahrungen, Reflexionen, Frankfurt am Main/Berlin/Bern/Brüssel/New York/Oxford/Wien 2003, 219-232.

Nickel, Sigrun/Ziegele, Frank: *Karriereförderung im Wissenschaftsmanagement – nationale und internationale Modelle. Eine empirische Vergleichsstudie im Auftrag des BMBF*, 2 Bände, Gütersloh 2010 (http://www.che.de/downloads/Studie_Karrierefoerderung_im_Wissenschaftsmanagement_Band_1.pdf; Stand 16.8.2010).

Nickel, Sigrun/Ziegele, Frank: Karriereförderung im Wissenschaftsmanagement – nationale und internationale Modelle, in: Centrum für Hochschulentwicklung (CHE) (Hg.): *Hochschulmanagement*, Gütersloh 2010a, 2-7.

Nickel, Sigrun/Ziegele, Frank: Profis ins Hochschulmanagement – Plädoyer für die Schaffung von hauptamtlichen Karrierewegen für Hochschul- und Fakultätsleitungen, in: *Hochschulmanagement* 1 (2006), Heft 1, 2-7.

Nittel, Dieter: *Von der Mission zur Profession*, Bielefeld 2000.

Nittel, Dieter/Völzke, Reinhard: *Jongleure der Wissensgesellschaft*, München 2004.

Noordergraaf, Mirco: From »Pure« to »Hybrid« Professionalism. Present-Day Professionalism in Ambiguous Public Domains, in: *Administration and Society* 39 (2007), Heft 6, 761-785.

Nullmeier, Frank: Professionalisierung, in: Hanft, Anke, (Hg.): *Grundbegriffe des Hochschulmanagements*, Neuwied/Kriftel 2001, 363-368.

Oechsler, Walter: Human Ressource Management in der Universitätsverwaltung – Von der Administration zur Strategie- und Leistungsorientierung, in: Küpper, Hans-Ulrich/Sinz, Elmar (Hg.): *Gestaltungskonzepte für Hochschulen*, Stuttgart 1998, 173-199.

Oevermann, Ulrich: Theoretische Skizze einer revidierten Theorie professionalisierten Handelns, in: Combe, Arno/Helsper, Werner (Hg.): *Pädagogische Professionalität*, Fankfurt am Main 1996, 70-182.

Opitz, Christian: *Hochschulen als Filter für Humankapital. Bildung und Karriere von High Potentials in den USA, Frankreich und Deutschland*, Wiesbaden 2005.

Oxenham, Marvin: *Higher Education in Liquid Modernity*, New York/London 2013.

Palandt, Klaus: Das Selbstverwaltungsrecht der deutschen Hochschulen ist nicht verzichtbar, in: *Hochschulmanagement* 1 (2006), Heft 1, 8-12.

Parsons, Talcott: *Das System moderner Gesellschaften*, Weinheim/München 1985 (bes. 120-145).

Parsons, Talcott: Professions, in: Sills, David E. (Hg.): *International Encyclopedia of the Social Sciences*, Band 12, New York 1968, 536-547.

Parsons, Talcott: Die Akademischen Berufe und die Sozialstruktur, in: ders.: *Soziologische Theorie*, Neuwied 1968a, 160-179.

Parsons, Talcott: *The Social System*, New York 1951.

Patterson, Glenys: The Applicability of Institutional Goals to the University Organisation, in: *Journal of Higher Education Policy & Management* 23 (2001), Heft 2, 159-169.

Paulus, Stefan: *Vorbild USA? Amerikanisierung von Universität und Wissenschaft in Westdeutschland 1945-1976*, München 2010.

Pausits, Attila/Pellert, Ada: Winds of Change: Higher Education Management Programmes in Europe, in: *Higher Education* 34 (2009), Heft 3, 39-49.

Pellert, Ada: *Einführung in das Hochschul- und Wissenschaftsmanagement. Ein Leitfaden für Theorie und Praxis*, Bonn 2006.

Pellert, Ada: Expertenorganisationen reformieren, in: Hanft, Anke (Hg.): *Hochschulen managen? Zur Reformierbarkeit der Hochschulen nach Managementprinzipien*, Neuwied/Kriftel 2000, 39-55.

Pellert, Ada: *Die Universität als Organisation: die Kunst, Experten zu managen*, Wien, Köln, Graz 1999.

Pellert, Ada/Widmann, Andrea: *Personalmanagement in Hochschule und Wissenschaft*, Münster 2008.

Pfadenhauer, Michaela: *Profesionalität. Eine wissenssoziologische Rekonstruktion institutionalisierter Kompetenzdarstellung*, Opladen 2003.

Pfeiffer, Iris: *Unternehmen Hochschule. Die Zukunft der Hochschulen im Wettbewerb*, Basel 2007.

Pfeiffer, Thomas (Hg.): *Abgott Wirtschaftlichkeit. Sammelband der Vorträge des Studium Generale der Ruprecht-Karls-Universität Heidelberg im Sommersemester 2007*, Heidelberg 2009.

Polanyi, Michael: *The Tacit Dimension*, New York 1966.

Popp Berman, Elizabeth: *Creating the Market University. How Academic Science became an Economic Engine*, Princeton 2012.

Power, Michael: *The Audit Society. Rituals of Verification*, Oxford 1997.

Pritchard, Rosalind M. O.: *Neoliberal Developments in Higher Education. The United Kingdom and Germany*, Oxford 2011.

Quaas, Meike/Stietenroth, Daniel: Hochschulmanagement als Profession? 6. Osnabrücker Jahrestagung zum Hochschul- und Wissenschaftsmanagement, in: *Wissenschaftsmanagement* 15 (2009) Heft 2, 6f.

Reed, Mike/Deem, Rosemary (2002): New Managerialism – The Manager Academic and Technologies of Management in Universities – Looking Forward to Virtuality, in: Robins, Kevin/Webster, Frank, (Hg.): *The Virtual University*, Oxford 2002, 126-147.

Reich, Andreas: *Hochschulrahmengesetz mit Wissenschaftszeitvertragsgesetz. Kommentar*, 11. Auflage, Bad Honnef 2012.

Reisz, Robert R./Stock, Manfred: *Wandel der Hochschulbildung in Deutschland und Professionalisierung*, Wittenberg 2011.

Reynolds, Glenn Harlan Reynolds: *The Higher Education Bubble*, New York 2012.

Research Institute for Higher Education (RIHE) (Hg.): *The Changing Academic Profession in Internaional Comparative and Quantitaive Perspectives, Hiroshima University*, Hiroshima 2009.

Rhoades, Gary: The Study of the Academic Profession, in: Gumport, Patricia. J. (Hg.): *Sociology of Higher Education. Contributions and Their Contexts*, Baltimore 2007, 113-146.

Rhoades, Gary: The Higher Education We Choose. A Question of Balance, in: *The Review of Higher Education* 29 (2006), Heft 3, 385-404.

Rhoades, Gary: Managing Productivity in an Academic Institution: Rethinking the Whom, Which, What, and Whose of Productivity, in: *Research in Higher Education* 42 (2001), Heft 5, 619-632.

Rhoades, Gary: *Managed Professionals: Unionized Faculty and Restructuring Academic Labor*, Albany 1998.

Rhoades, Gary/Sporn, Barbara: New models of Management and Shifting Modes and Costs of Production: Europe and the United States, in: *Tertiary Education and Management* 8 (2002), Heft 1, 3-28.

Röbken, Heinke: Profile deutscher Universitätsleitungen, in: *Beiträge zur Hochschulforschung* 28 (2006), Heft 4, 6-29.

Roessing, Thomas: Freiheit in den deutschen Leitmedien. Das zweite Jahr der Presseanalyse, in: Ackermann, Ulrike (Hg): *Freiheitsindex 2012 des John Stuart Mill Instituts für Freiheitsforschung*, Frankfurt am Main 2013, 47-61.

Roessler, Patrick: *Inhaltsanalyse*, Konstanz 2005.

Rompa, Regine: *Karriere am Campus, Traumjobs an Uni und FH*, Wiesbaden 2010.

Rondo-Brovetto, Paolo (Hg.): *The University as a Business*, Wiesbaden 2011.

Rosser, Vicki J.: A National Study on Mid-Level Leaders in Higher Education. The Unsung Professionals in the Academy, in: *Higher Education* 48 (2004), Heft 3, 317-337.

Rusconi, Allesandra/Solga, Heike: *Auswertung der Befragung deutscher Hochschulen zur Verflechtung von beruflichen Karrieren*, Weimar 2002.

Sahlin-Andersson, Kerstin: National, International and Transnational Constructions of New Public Management, in: Christensen, Tom/Lægreid, Per (Hg.): *New Public Management. The Transformation of Ideas and Practice*, Aldershot 2002, 43-72.

Samide, Jeff L. (Hg.): *Career Development in Higher Education*, Charlotte 2011.

Sandberg, Berit: Zielvereinbarungen zwischen Staat und Hochschulen – Ein Deregulierungsinstrument?, in: *Beiträge zur Hochschulforschung* 25 (2003), Heft 4, 36-55

Sander, Nadine: *Das akademische Prekariat. Leben zwischen Frist und Plan*, Konstanz 2012.

Satzung Fraunhofer Gesellschaft: www.fraunhofer.de/content/dam/zv/de/documents/Satzung-Fraunhofer-Gesellschaft_tcm7-8090.pdf (Stand 8.2.2014).

Satzung Helmholtz Gemeinschaft: www.helmholtz.de/fileadmin/user_upload/03_ueber_uns/organisation/satzung/2012_Satzung_Helmholtz_Gemeinschaft.pdf (Stand 8.2.2014).

Satzung Leibniz Gemeinschaft: www.leibniz-gemeinschaft.de/fileadmin/user_upload/downloads/Organisation/Satzung.pdf (Stand 8.2.2014).

Satzung Max Planck Gesellschaft: www.mpg.de 199506 satzung.pdf (Stand 8.2.2014).

Schelsky, Helmuth: *Einsamkeit und Freiheit. Idee und Gestalt der deutschen Universität und ihrer Reformen*, Düsseldorf 1963.

Schilden, Susanne/Hochschulrektorenkonferenz HRK (Hg.): *Frauen in der Wissenschaft. HRK-Jahresversammlung 2003, Dresden, 5./6. Mai 2003*, Bonn 2004.

Schimank, Uwe: »New Public Management« and the Academic Profession. Reflections on the German Situation, in: *Minerva* 43 (2005), Heft 4, 361-376.

Schimank, Uwe: Die akademische Profession und die Universitäten. »New Public Management« und eine drohende Entprofessionalisierung, in: Klaetzki, Thomas/Tacke, Veronika (Hg.): *Organisation and Profession*, Wiesbaden 2005a, 143-164.

Schimank, Uwe/Kehm, Barbara/Enders, Jürgen: Institutional Mechanisms of Problem Processing of the German University System: Status Quo and New Developments, in: Braun, Dietmar/Merrien, Francios-Xavier (Hg.): *Towards a New Model of Governance for Universities? A Comparative View*, London 1999, 79-194.

Schimank, Uwe/Meier, Frank: *Neue Steuerungssysteme an den Hochschulen. Expertise im Auftrag des BMBF*, Hagen 2002.

Schlegel, Ute/Burkhardt, Anke: *Auftrieb und Nachhaltigkeit für die wissenschaftliche Laufbahn. Akademikerinnen nach ihrer Förderung an Hochschulen in Sachsen*, Wittenberg 2007.

Schmidt, Anke: Was bringt Professionalisierung? Weiterbildung schafft bessere Karriereperspektiven, in: *Wissenschaftsmanagement* 15 (2009), Heft 5, 14-18.

Schmidt, Axel: Profession, Professionalität, Professionalisierung, in: Willems, Herbert (Hg.): *Lehr(er)buch Soziologie*, Band 2, Wiesbaden 2008, 835-864.

Schneijderberg, Christian/Merkator, Nadine: Hochschulprofessionen und Professionalisierung im Bereich der Qualitätsentwicklung, in: *Qualität in der Wissenschaft* 1 (2011), 15-20.

Schneijderberg, Christian/Merkator, Nadine/Teichler, Ulrich/Kehm, Barbara M.: *Verwaltung war gestern? Neue Hochschulprofessionen und die Gestaltung von Studium und Lehre,* Frankfurt am Main/New York 2013.

Schofer, Evan/Meyer, John: The World Wide Expansion of Higher Education in the Twentieth Century, in: *American Sociological Review* 70 (2005), 898-920.

Scholkmann, Antonia: Dekaninnen und Dekane als »universitäre Führungskräfte«: Herausforderungen im Arbeitsalltag – Ansatzpunkte für die Personalentwicklung, in: dies./Roters, Bianca/Ricken, Judith/Höcker, Marc (Hg.): *Hochschulforschung und Hochschulmanagement im Dialog. Zur Praxisrelevanz empirischer Forschung über die Hochschule*, Münster 2008, 71-82.

Scholz, Beate/Deutsche Forschungsgemeinschaft (DFG) (Hg.): *Strukturiert promovieren in Deutschland. Dokumentation eines Symposiums*, Weinheim 2004.

Schönmann, Thomas: *Das Berufsbild des Universitätsprofessors im Wandel. Ein berufssoziologisches Analysemodell*, Hamburg 2012.

Schramm, Jürgen: *Wissenschaftsreform zwischen Etatismus und Markt*, Berlin 2006.

Schultz, Andrea: *Die Universität als Wirtschaftsfaktor. Regionalwirtschaftliche Einkommens- und Beschäftigungseffekte sowie Wissenstransfer an der Martin-Luther-Universität Halle-Wittenberg*, Saarbrücken 2007.

Schürnbrand, Jan: *Organschaft im Recht der privaten Verbände*, Tübingen 2012.

Schwarz, Stefanie/Westerheijden, Don (Hg.): *Accreditation and Evaluation in the European Higher Education Area,* Dordrecht 2004.

Scinner, Maureen: The AUA Code of Professional Standards, in: *Perspectives* 5 (2001), Heft 3, 63-67.

Scott, Peter: University Governance and Management: An Analysis of the System and Institutional Level Changes in Western Europe, in: Maassen, Peter/van Vught, Frans (Hg.): *Inside Academia. New Challenges for the Academic Profession*, Utrecht 1996, 113-133.

Scott, Peter: *The Globalization of Higher Education*, Buckingham 1999.

Senn, Peter Th./Ertel, Helmut/Fischer, Andreas: *Kompetenzprofil für Weiterbildungsmanagement*, Bern 2008.

Severing, Eckart (Hg.): *Akademisierung der Berufswelt,* Bielefeld 2013.

Sharma, Saroj S.P.: *Higher Education and Economic Reforms*, Delhi 2012.

Shaw, Victor N.: *In View of Academic Careers and Career-Making Scholars. Innovative Ideas for Institutional Reform*, Charlotte 2008.

Slaughter, Sheila/Leslie, Larry L.: *Academic Capitalism. Politics, Policies, and the Entrepreneurial University*, Baltimore 1999.

Slaughter, Sheila/Rhoades, Gary: *Academic Capitalism in the New Economy*, Baltimore 2004.

Smith, David/Scott, Peter/Bocock, Jean/Bargh, Catehrine: Vice-Chancellors and Executive Leadership in UK Universities. New Roles and Relationships?, in: Henkel, Mary/Little, Brenda (Hg.): *Changing Relationships between Higher Education and the State*, London/Philadelphia 1999, 280-305.

Smith, Dean O.: *Managing the Research University*, Oxford 2011.

Soja, Eeward W.: *Thirdspace. Journeys to Los Angeles and Other Real and Imagined Places*, Cambridge 1996.

Sonnabend, Michael: Professionalisierung des Wissenschaftsmanagements schreitet voran, in: *Wissenschaftsmanagement* 11 (2003), Heft 1, 18f.

Sorcinelli, Mary D./Austin, Ann E./Eddy, Pamela L./Beach, Andrea L: *Creating the Future of Faculty Development: Learning from the Past, Understanding the Present*, Bolton 2005.

Sporn, Barbara: *Adaptive University Structures. An Analysis of Adaption to Socioeconomic Environments of US and European Universities*, London 1999.

Stefani, Lorraine: What is Staff and Educational Developement?, in: Kahn, Peter/Baume, David: *A Guide to Staff & Educational Development*, New York 2003, 9-24.

Stehr, Nico/Grundmann, Reiner: Die Arbeitswelt in der Wissensgesellschaft, in: Kurtz, Thomas (Hg.): *Aspekte des Berufs in der Moderne*, Opladen 2001, 315-335.

Stichweh, Rudolf: Professionalisierung, Ausdifferenzeirung von Funktionssystemen, Inklusion, in: Dewe, Bernd/Ferchhoff, Wilfrie/Radtke, Frank-Olaf (Hg.): *Erziehen als Profession*, Opladen 1992, 36-48.

Stifterverband für die deutsche Wissenschaft (Hg.): *Qualifizierung für Hochschulprofessionen*, Essen 2006.

Stillwell, Frank: Higher Education, Commercial Criteria and Economic Incentives, in: *Journal of Higher Education Policy and Management* 25 (2003), Heft 1, 51-61.

Stock, Manfred: Professionen in reproduktionstheoretischer Perspektive. Professionssoziologische Ansätze bei Karl Marx, in: *Zeitschrift für Soziologie* 32 (2003), Heft 6, 186-205.

Stock, Manfred/Wernet, Andreas: Hochschulforschung und Theorie der Professionen, in: *Hochschule* 14 (2005), Heft 1, 7-14.

Stoppel, Axel: *Die Regierung der Hochschule. Eine governmentalitätstheoretische Analyse der aktuellen Strukturreformen*, Saarbrücken 2008.

Strohschneider, Peter: Zeitgemäßere Formen von Wissenschaft als Beruf etablieren, in: Bundesministerium für Bildung und Forschung (Hg.): *Kinder – Wunsch und Wirklichkeit in der Wissenschaft*, Bonn/Berlin 2010, 8.

Suchanek, Justine: *Bologna (aus)gewertet: Eine empirische Analyse der Studienstrukturreform*, Göttingen 2012.

Sugden, Roger (Hg.): *Leadership and Cooperation in Academia. Reflecting on the Roles and Responsibilities of University Faculty and Management*, Cheltenham 2013.

Szekeres, Judy: The Invisible Workers, in: *Journal of Higher Education Policy and Management* 26 (2004), Heft 1, 7-22.

Taylor, K. Lynn: Academic Development as Institutional Leadership. An Interplay of Person, Role, Strategy, and Institution, in: *International Journal for Academic Development* 10 (2005), Heft 1, 31-46.

Teichler, Ulrich: *Hochschulstrukturen im Umbruch*, Frankfurt am Main/ New York 2005.

Teichler, Ulrich (Hg.)/Aarrevaara, Timo: *The Work Situation of the Academic Profession in Europe. Findings of a Survey in Twelve Countries*, Dordrecht 2013.

Teichler, Ulrich/Kehm, Barbara/Alesi, Bettina: Qualifizierung für eine professionelle Hochschulgestaltung. Neue Studiengänge in Deutschland, in: Stifterverband für die deutsche Wissenschaft (Hg.): *Qualifizierung für Hochschulprofessionen*, Essen 2006, 6-13.

Teichler, Ulrich/Klumpp, Matthias (Hg.): *Hochschulprofessionen zwischen Wissenschaft und Administration* = Hochschule innovativ 16 (2006).

Teixeira, Pedro (Hg.): *Public Vices, Private Virtues? Assessing the Effects of Marketization in Higher Education*, Rotterdam 2011.

Teixeira, Pedro/Dill, David D./Jongbloed, Ben B./Amaral, Albero (Hg.): *Markets in Higher Education. Rhetoric or Reality?*, Dordrecht 2004.

Tight, Malcolm: *Researching Higher Education*, 2. Auflage, Maidenhead 2012.

Tolbert, Pamela/Barley, Stephen (Hg.): *Research in the Sociology of Organizations: Organizations and Professions*, Greenwich 1991.

Tomas, J. Douglas: *Managing the Entrepreneurial University. Legal Issues and Commercial Realities*, New York 2011.

Tremel, Patricia/Fischer, Andreas: Forschung und Management – (Vermeintliche) Gegensätze nähern sich an!, in: *Zeitschrift für Hochschulentwicklung* 5 (2010), Heft 4, 203-210.

Tscherk, Verena: *Die Professionalisierung der Hochschullehre. Möglichkeiten der Kompetenzmessung bei akademisch Lehrenden*, Hamburg 2013.

Unger, Birgit: *Heterogenität und Performance von Forschernachwuchsgruppen. Eine Untersuchung am Beispiel von DFG-geförderten Graduiertenkollegs*, München 2010.

Urban, Diana/Meister, Dorothee M.: Strategien der Professionalisierung in der Hochschuldidaktik, in: *Zeitschrift für Hochschulentwicklung* 5 (2010), Heft 4, 104-123.

van Bebber, Frank: Des Kanzlers neue Kleider, in: *Deutsche Universitätszeitung – duz Magazin* 9 (2006), 9-11.

Visakorpi, Jarmo K.: Academic and Administrative Interface. Application to National Circumstances, in: *Higher Education Management* 8 (1996), Heft 2, 159-171.

Walker, Melanie/McLean, Monica: *Professional Education, Capabilities and Contributions to the Public Good. The Role of Universities in Promoting Human Development*, New York/London 2013.

Wallerath, Maximilian: Der Universitätskanzler in der Hochschulleitung, in: *Wissenschaftsrecht* 37 (2004), 203-223.

Weber, Max: Vom inneren Beruf zur Wissenschaft, in: ders.: *Soziologie. Universalgeschichtliche Analysen. Politik*. Mit einer Einleitung von Eduard Baumgarten. Herausgegeben und erläutert von Johannes Winckelmann, 6. Auflage, Stuttgart 1992, 311-339.

Weber, Wolfgang: Strategische Positionierung von Hochschulen, in: Ringlstetter, Max/Henzler, Herbert/Mirow, Michael (Hg.): *Perspektiven der Strategischen Unternehmensführung – Theorien – Konzepte – Anwendungen*, Wiesbaden 2003, 502-511.

Webler, Wolff-Dietrich (Hg.): *Universitäten am Scheideweg?! Chancen und Gefahren des gegenwärtigen historischen Wandels in Verfassung, Selbstverständnis und Aufgabenwahrnehmung. Ergebnisse des Hochschulforums Sylt 2008*, Bielefeld 2009.

Wehrlin, Ulrich (Hg.): *Hochschulmanagement – Einführung. Managementtheorie, Führung, Veränderungsprozesse, Organisationsentwicklung, Professionalisierung des Hochschulmanagements*, München 2011.

Wehrlin, Ulrich (Hg.): *Kompetenzen und Qualifikationen für Hochschulmanager. Schlüssel- und Umsetzungskompetenzen, Führung, Kommunikation, Persönlichkeit, Bildung, Professionalisierung des Hochschulmanagements*, München 2011a.

Weick, Karl: Educational Organizations as Loosely Coupled Systems, in: *Administrative Science Quarterly* 21 (1976), 1-19.

Werth, Lioba/Sedlbauer, Klaus: *In Forschung und Lehre professionell agieren*, 4. Auflage, Bonn 2012.

Westerheijden, Don F./Stensaker, Björn/Rosa, Maria Joao (Hg.): *Quality*

Assurance in Higher Education: Trends in Regulation, Translation and Transformation, Dordrecht 2007.

Whitchurch, Celia: Optimising the Potential of Third Space Professionals in Higher Education, in: *Zeitschrift für Hochschulentwicklung* 5 (2010), Heft 4, 9-22.

Whitchurch, Celia: Some Implications of ›Public/Private‹ Space for Professional Identities in Higher Education, in: *Higher Education* 60 (2010a), Heft 6, 627-640.

Whitchurch, Celia: The Rise of the Blended Professional in Higher Education. A Comparison between the UK, Australia and the United States', in: *Higher Education* 58 (2009), Heft 3, 407-418.

Whitchurch, Celia: Shifting Identities and Blurring Boudaries. The Emergence of Thrid Space Professionals in UK Higher Education, in: *Higher Education Quaterly* 62 (2008), Heft 4, 377-396.

Whitchurch, Celia: Beyond Administration and Management: Reconstructing the Identities of Professional Staff in UK Higher Education, in: *Journal of Higher Education Policy and Management* 30 (2008a), Heft 4, 375-386.

Whitchurch, Celia: *Professional Managers in UK Higher Education: Preparing for Complex Futures. Final Report*, London 2008b.

Whitchurch, Celia: Shifting Identities and Blurring Boundaries. The Emergence of Third Space Professionals in UK Higher Education, in: *Higher Education Quarterly* 62 (2008c), Heft 4, 377-396.

Whitchurch, Celia: Beyond Administration and Management. Changing Professional Identities in UK Higher Education, in: Barnett, Ronald and di Napoli, Robert (Hg.): *Changing Identities in Higher Education: Voicing Perspectives,* Abingdon 2008d, 69-88 (Chapter 5).

Whitchurch, Celia: »Who Do They Think They Are?« The Changing Identities of Professional Administrators and Managers in UK Higher Education, in: *Journal of Higher Education Policy and Management* 28 (2006), Heft 2, 159-171.

Whitchurch, Celia: *Professional Managers in UK Higher Education: Preparing for Complex Futures, Interim Report for the Leadership Foundation for Higher Education*, London 2006a.

Whitchurch, Celia: Administrative Managers – A Critical Link, in: *Higher Education Quarterly* 58 (2004), Heft 4, 280-298.

Whitchurch, Celia/Gordon, George: Diversifying Academic and Professional Identities in Higher Education: Some Management Challenges, in: *Tertiary Education and Management* 16 (2010), Heft 2, 129-144.

Whitchurch, Celia/Law, Patrina: *Optimising the Potential of Third Space Professionals in UK Higher Education*, London 2010.

Wilensky, Harold L.: Jeder Beruf eine Profession?, in: Luckmann, Thomas/Sprondel, Walter Michael (Hg.): *Berufssoziologie*, Köln 1979, 198-215.

Wilensky, Harold L.: The Professionalization of Everyone?, in: *American Journal of Sociology* 70 (1964), Heft 2, 137-158.

Wilkens, Uta: *Management von Arbeitskraftunternehmern. Psychologische Vertragsbeziehungen und Perspektiven für die Arbeitskräftepolitik in wissensintensiven Organisationen*, Wiesbaden 2004.

Wilkesmann, Uwe (Hg.): *Hochschule als Organisation*, Wiesbaden 2012.

Williams, Paul: The Competent Boundary Spanner, in: *Public Administration* 80 (2002), Heft 1, 103-124.

Windolf, Paul: *Expansion and Structural Change: Higher Education in Germany, the United States, and Japan*, Boulder 1997.

Winter, Christian: *Tendenzen und Entwicklungen in der Hochschulsteuerung*, Hamburg 2005.

Winter, Martin: *Das neue Studieren. Chancen, Risiken, Nebenwirkungen der Studienstrukturreform: Zwischenbilanz zum Bologna-Prozess in Deutschland*, Wittenberg 2009.

Wissenschaftsmanagement Special 2/2013: *State of the Art. Wissenschaftsmanagement für Institute, Hochschulen und Forschung*, Bonn 2013.

Wittmann, Roland: *Begriff und Funktionen der Geschäftsführung ohne Auftrag* (Münchener Universitätsschriften. Reihe der Juristischen Fakultät, Bd. 39), München 1981.

Wright, Susan (Hg.): *Anthropologies of University Reform*, Oxford 2010.

Zabrodsky, Thomas Daniel: *Der Forschungskraftunternehmer. Leben und arbeiten als Jungakademiker in der wissenschaftlichen Welt*, Wiesbaden 2012.

Zahir, Amrita: Third Space Professionals as Policy Actors, in: *Zeitschrift für Hochschulentwicklung* 5 (2010), Heft 4, 46-62.

Zellweger Moser, Franziska/Bachmann, Gudrun: Editorial: Zwischen Administration und Akademie – Neue Rollen in der Hochschullehre, in: *Zeitschrift für Hochschulentwicklung* 5 (2010), Heft 4, 1-8.

Ziegele, Frank: Die Umsetzung von neuen Steuerungsmodellen (NSM) im Hochschulrecht, in: Fisch, Rudolf/Koch, Stefan (Hg.): *Neue Steuerung von Bildung und Wissenschaft. Schule – Hochschule – Forschung*, Bonn 2005, 107-121.

Abkürzungsverzeichnis

ADW	Akademie der Wissenschaften
B	Besoldungsgruppe für Spitzenbeamte
BAK	Bundesarbeitskreis für EU-Referenten an Hochschulen
BAT	Bundesangestelltentarifvertrag
bes.	besonders
BGB	Bürgerliches Gesetzbuch
BMBF	Bundesministerium für Bildung und Forschung
BWL	Betriebswirtschaftslehre
bzw.	beziehungsweise
CHE	Centrum für Hochschulentwicklung Gütersloh
DAAD	Deutscher Akademischer Austauschdienst
DACH	Deutschland – Österreich – Schweiz
DFG	Deutsche Forschungsgemeinschaft
DGIA	Deutsche Geisteswissenschaftliche Institute im Ausland
DHI	Deutsches Historisches Institut
DHV/DUV	Deutsche Hochschule/Universität für Verwaltung Speyer
Dt.	Deutsch
E	Entgeltgruppe für Beschäftigte des öffentlichen Dienstes
ebd.	ebenda
engl.	Englisch
et al.	et alii (= lat. und andere)
etc.	et cetera (= lat. und so weiter)
EU	Europäische Union
EUR	Euro
e.V.	eingetragener Verein
f.	folgende
F.A.Z.	Frankfurter Allgemeine Zeitung
FÖV	Forschungszentrum für öffentliche Verwaltung Speyer
franz.	französisch
FhG	Fraunhofer-Gesellschaft
FRIAS	Freiburg Institute for Advanced Studies
FTE	Fulltime Equivalent/Vollzeitäquivalent
FU	Freie Universität
ggf.	gegebenenfalls
gGmbH	gemeinnützige Gesellschaft mit beschränkter Haftung
GmbH	Gesellschaft mit beschränkter Haftung
GmbHG	Gesetz für Gesellschaften mit beschränkter Haftung
GRK	Graduiertenkolleg
HGF	Helmholtz-Gemeinschaft deutscher Froschungszentren

HIS	Hochschul-Informations-System
HIS-ICE	HIS Information, Controlling, Entscheidung
HoF	Institut für Hochschulforschung Halle-Wittenberg
HOPRO	Hochschulprofessionelle
IfL	Institut für Länderkunde Leipzig
IFQ	Institut für Forschungsinformation und Qualitätssicherung Berlin
IFSH	Institut für Friedens- und Sicherheitspolitik Hamburg
IHDP	International Human Dimensions Programme on Global Environmental Change
IMPRS-SPCE	International Max Planck Research School on the Social and Political Constitution of the Economy
INCHER	International Centre for Higher Education Research Kassel
inkl.	inklusive
KIT	Karlsruher Institut für Technologie
KLR	Kosten-Leistungs-Rechnung
lat.	lateinisch
LMU	Ludwig Maximilians Universität München
MINT	Mathematik-Informatik-Naturwissenschaft-Technik
Mio.	Million(en)
MKE	Münchner Kompetenzzentrum Ethik
MPG	Max Planck Gesellschaft
MPI	Max Planck Institut
MS	Microsoft
m/w	männlich/weiblich
NGO	Non-governmental organization (= engl. Nichtregierungsorganisation)
NRW	Nordrhein-Westfalen
p.a.	per annum (= lat. pro Jahr)
RWTH	Rheinisch-Westfälische Technische Hochschule
S.	Seite
SAP	Systemanalyse und Programmentwicklung
SHIP	Study of Health in Pomerania
s.o.	siehe oben
s.u.	siehe unten
TH	Technische Hochschule
TRM	Translationszentrum für Regenerative Medizin
TU	Technische Universität
TV-L	Tarifvertrag der Länder
TVöD	Tarifvertrag für den öffentlichen Dienstes
u.ö.	und öfters
v.a.	vor allem

vgl.	vergleiche
VWL	Volkswirtschaftslehre
W	Wissenschaft/Besoldungsgruppe für Amtsbezüge der Hochschullehrer
WGL	Wissenschaftsgemeinschaft Gottfried Wilhelm Leibniz
WILA	Wissenschaftsladen
WKN	Wissenschaftliche Kommission Niedersachsen
WZB	Wissenschaftszentrum für Sozialforschung Berlin
z.B.	zum Beispiel
ZfL	Zentrum für Literatur- und Kulturforschung
ZWM	Zentrum für Wissenschaftsmanagement

Diagramm- und Tabellenverzeichnis

Der Autor

Dr. Hans Jörg Schmidt MBA, Studium der Germanistik, Politikwissenschaften, Ev. Theologie und Erziehungswissenschaften sowie der Neueren und Neuesten Geschichte an den Universitäten Heidelberg, Dresden und Groningen (Niederlande). Aufbaustudium des Hochschul- und Wissenschaftsmanagements an der DHV Speyer und der Hochschule Osnabrück. Seit 2009 führt er die Geschäfte des John Stuart Mill Instituts für Freiheitsforschung e.V. in Heidelberg und koordiniert verschiedene dort angesiedelte Forschungsprojekte.

Weitere Buchpublikationen sind: *Die deutsche Freiheit. Geschichte eines kollektiven semantischen Sonderbewusstseins* und *Kulturgeschichte des Marktes. Ein Essay zur Genealogie einer soziokulturellen Gegebenheit* (beide Humanities Online 2010 bzw. 2011). Gemeinsam mit Ulrike Ackermann gibt er die *Ausgewählten Werke John Stuart Mills in fünf Bänden* heraus (Murmann Verlag), in deren Rahmen 2013 der von ihm eingeleitete Band 2 zum Thema *Bildung und Selbstentfaltung* erschien.